THE 12 POWERS OF A MARKETING LEADER

行銷領導力修練

如何更上一層樓？
如何創造行銷最大價值？

Thomas Barta Patrick Barwise
托馬斯．巴塔、派崔克．巴維斯———著
美同———譯

目錄

第三部　策動你的團隊

第四部　策動你自己

前言　做行銷和領導行銷是不同的

你是一位行銷管理者

你對品牌充滿熱情。你了解市場。你是公司達成以顧客為中心的關鍵推動者。多年來，執行長們都希望企業能更加以市場為導向，同時更具創新。今天，數位科技讓企業能提供顧客更好的服務，同時也帶來了更大的壓力。

按理說，你在公司的位置應該變得更加重要，你作為行銷管理者所說的話也應該更有分量。在制定關鍵決策的時候，公司的高層管理者們應該尊敬你、看重你。然而不幸的是，現實有時並非如此。

很多公司總是強調要以顧客為中心，可是他們的核心管理團隊中卻沒有一位行銷管理者。而且，行銷長（CMO）極少能升任執行長（CEO），而執行長對行銷管理者的看法也頗為複雜（接下來會談到）。

很多行銷管理者非常善於做行銷。他們在顧客洞見、品牌傳播和社群媒體造勢等方面具備很強的能力。然而，很多行銷管理者還是覺得自己在公司的角色有一點邊緣化。他們辛辛苦苦工作，幫助公司成長，可是他們的付出卻並非總能轉化為對公司內部的影響力或他們的職涯成就。

我們的研究證明了這一點。

七一%的行銷管理者認為他們對公司業務的影響非常大，但只有四四%的行銷管理者對自己的職位感到滿意。他們的上司對他們更加不看好，在上司的所有直接下屬中，行銷管理者獲得升遷的可能性最小。

行銷管理者的升遷無門是一個「大問題」，這不僅是你的問題，也是公司的問題。如果你無法讓公司做到以顧客為導向，那麼公司的長遠利益也會受損。如果你選擇跳槽，那麼你多年來對顧客的理解、你的新產品創意和成長策略也將隨你而去。所以，執行長和行銷管理者有責任共創成功。但是，這一點要如何達成呢？

這是作為行銷管理者的你要來實現的目標。一直以來，你很可能總是把大部分雞蛋放進同一個名為行銷技能的籃子。也就是說，你了解如何定位品牌，如何推出顧客喜歡的促銷活動。

你是這方面的專家，我們為此向你表示敬意。你憑藉行銷技能獲得了今天的位置。但是，正如我們將要和你說明的，在這個數位時代，行銷技能尚不足以讓你在業務影響力和職涯成就上獲得更大的成功。

你不僅要成為做行銷的專家，還要成為領導行銷的專家。領導行銷是非常不同的另一個籃子，這裡面都有什麼東西呢？

領導行銷不僅僅是為顧客服務，也包括提升你在公司內部的影響力，強化行銷工作的重要性，以此在整體上提升用戶的體驗。它需要你動員你的上司、你的同事、你的團隊和你自己，盡可能擴大顧客需求和公司需求的交集。這本書就是要教你做這些事。

這不是一本講行銷的書，而是一本幫助行銷管理者提升領導力的書。

你需要做出一項重要的選擇。你可以選擇繼續當一名技術型的行銷管理者。感謝數位時代，因為總有新奇的東西出現，所以你應該不會感到無聊。但是，你卻很難對公司的營運產生實質的影響。有一天，你甚至可能會因為職涯發展受限而失意落寞。

這本書為你提供了另一個更有前途的選擇。幾乎可以肯定地說，這麼做對你和公司都有好處。運用你的領導才能（同時借助數位時代的新機遇）去實現只有極少數公司才能做到的事：把顧客需求和公司需求真正地結合在一起。

三個事實

這本書的結論源自一項針對行銷長的綜合研究[1]。該綜合研究由三個部分組成。

在研究的第一個部分（即我們的核心研究），問卷結果來自高階行銷管理者本身。一千二百三十二名高階行銷管理者接受了詳盡的自我評估。據此，我們可以了解他們的個性特徵、工作表現，他們如何評價自己對公司業績的影響，以及他們如何評價自己的職業成就。

在研究的第二個部分，我們透過他人的角度來觀察這些行銷長。我們分析來自他們的上司、同事和直接下屬的六萬七千二百七十八份全面評估結果。

在研究的第三個部分，我們就如何成為成功的高階行銷領導者訪談了一百多位行銷長、執行長和領導力專家。

我們的發現徹底顛覆了人們對行銷管理者獲取成功的固有看法。

我們的研究也給我們帶來了希望：作為一名行銷管理者，你可以透過有系統地運用行銷技能之外的領導技能來得到成功。

現在，來看研究結果。以下先介紹三個發現，我們稱之為「三項事實」。

事實一：你的能力展現在顧客需求和公司需求的交集區域（「價值區」）

我們的研究證明：行銷管理者的成功在於「盡可能擴大顧客需求和公司需求的交集」。我們把這個交集區域稱做「價值創造區」，或簡稱「價值區」。然而，拓展「價值區」卻不是行銷管理者所擅長的工作。

為了知道哪些事項是位於「價值區」，我們先來看哪些事項不在「價值區」內。

假設，你花費大部分時間獲取新用戶，行銷人員就應該從競爭對手那裡吸引顧客，或者吸引剛進入市場的新用戶，是不是？對你來說，獲取新用戶就是你的工作主軸。

然而，公司的執行長並不這麼想。在公司的核心領導者看來，獲取新用戶（至少

1 由於不同公司的高階行銷職位名稱不同，我們在這本書裡交替使用行銷長、高階行銷管理者和行銷領導者來稱呼行銷工作的負責人。

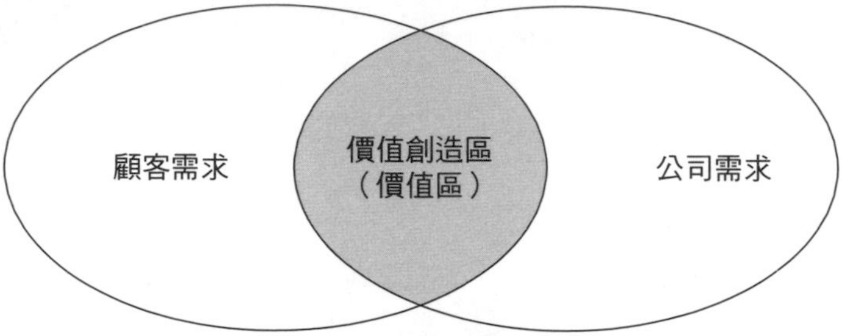

圖0-1　價值區

以你目前獲取新用戶的方式來說）的代價太過高昂，由於大量的新用戶要不了幾個月就會流失，所以投入的資金根本收不回來。

公司的核心領導者不會太過考慮如何獲取新用戶，他們優先考慮的是如何留住老顧客。在他們看來，如果老顧客能獲得更好的體驗，停留更久，花更多的錢購買公司的產品或服務，並將它們推薦給其他人，那麼公司就能獲得更大收益。

「關注重點的錯位」會引來很大麻煩。你的工作會偏離「價值區」，因為你（和一些顧客）最關心的事情並不是執行長最關心的事情。在這個例子裡，公司、顧客和你的職涯發展都會受損。

那麼，什麼才是「價值區」裡的工作呢？

在「價值區」裡，行銷管理者不僅能為顧客創造價值（提供滿足顧客需求的產品和服務），而且能為公司創造價值（獲得營業收入和利潤）。除此之外，他們還能為自己創造價值（在公司內部發揮更大影響力，獲得更好的職涯發展）。

想像你是一家消費品公司的行銷領導者。你透過研究發現，巴西的顧客想要一種比你們當前產品更耐用的牙刷。如果你很想開發這種新產品，而你的執行長也想在巴西增加市場占有率，此時「價值區」就出現了。你要的東西既是顧客要的東西，也是你的執行長要的東西。這時你就是在「價值區」裡工作。

「尋找顧客需求和公司需求的交集」是你獲得成功的起點。

作為一名行銷領導者，你會自然而然地關注顧客。但是，對大多數組織而言，良好的用戶體驗只能來自不同部門的通力合作。也就是說，要想獲得成功，你就不能只關注顧客。要想滿足顧客的需求，你還得知道如何滿足組織的需求。

我們的研究顯示，最成功的行銷管理者正是那些盡力擴大顧客需求和公司需求交集（「價值區」）的人。

事實二：成功的行銷在於掌握「行銷領導者的十二個法則」

在我們的研究中，我們發現了決定行銷領導者成敗的十二項重要領導行為。我們把這些領導行為稱作「十二法則」。

對於在我們研究中的行銷管理者來說，他們的領導方式是他們發揮業務影響力和得到職業成就的首要驅動力。當然，技術性的行銷技能也很重要。要想成為一名成功的行銷管理者，你還是得「做行銷」。不過，對於想要獲取長期的成功來說，這些技能只是敲門磚。

要想真正創造長期價值，擴大顧客需求與公司需求的交集，你就必須掌握各項行銷領導技能，它們對你至關重要。

行銷領導力的十二項法則分為四個類別，分別是：策動你的上司、策動你的同事、策動你的團隊、策動你自己。它們擴展和補充了你每天都在做的事：策動顧客！

我們計算了十二項法則中每一項對高階行銷管理者業務影響力和職涯成就的貢獻度。

例如，對研究中的行銷管理者來說，第一項法則（只處理「大問題」）對他們的業務影響力和職涯成就的貢獻度平均為一〇％。

我們來進一步討論這個問題。

要想成為一名成功的行銷領導者，你就要掌握能夠用來擴大顧客需求和公司需求這兩者交集（「價值區」）的領導技能。

表1-1　行銷領導力的12個法則

（12個法則中的每一項對業務影響力和職涯成就的貢獻度）

策動你的上司	
第1個法則：只處理「大問題」 （業務影響力：10%。職涯成就：10%）	確保你的工作位於「價值區」內。這一點對顧客和執行長都很重要。說明你的工作能創造多少價值，讓他人明白這些工作為什麼重要。
第2個法則：無論如何都要獲取收益 （業務影響力：12%。職涯成就：3%）	獲取財務收益應當是你的優先事項。投資收益高，你才更有可能保住現在的位置，並且獲得更多的資源。
第3個法則：和優秀的人合作 （業務影響力：1%。職涯成就：2%）	和做事做得好的能人打交道，這將有助於你策動上司。
策動你的同事	
第4個法則：切中人心 （業務影響力：3%。職涯成就：7%）	如果同事聽不進你的話，你就無法動員他們。講述真實的願景，讓美好的願景走進他們的頭腦和心理。
第5個法則：走出你的辦公室 （業務影響力：13%。職涯成就：13%）	作為一名行銷管理者，你老是待在自己的辦公室裡是闖不出一番事業的。你必須走出去，動員大家來推進工作。
第6個法則：以身作則 （業務影響力：6%。職涯成就：12%）	你想實現什麼，自己就要先做到。讓自己成為他人效法的榜樣。
策動你的團隊	
第7個法則：合理配置人員 （業務影響力：20%。職涯成就：7%）	你需要擁有能夠實現目標所需的各種團隊技能（包括你的技能）、做事風格和個性特徵。要想建立一個厲害的團隊，你就要讓大家目標一致，同心協力。
第8個法則：建立信任 （業務影響力：4%。職涯成就：3%）	要想拓展「價值區」，你就必須建立信任、包容的工作氛圍，而不是做任何事都要請示彙報。
第9個法則：訴諸結果 （業務影響力：6%。職涯成就：9%）	不管你喜歡還是不喜歡，作為團隊的領導者，你必須充當裁判的角色。你必須設定標準，考核績效，並且在必要的時候確保達成目標。
策動你自己	
第10個法則：愛上自己的工作 （業務影響力：18%。職涯成就：9%）	作為負責市場行銷工作的管理者，你必須精通相關業務（顧客、產品和產業）。你的這些知識可以對自己和他人發揮激勵作用。
第11個法則：了解激勵自己的方式 （業務影響力：2%。職涯成就：12%）	激勵是行銷工作負責人手中的強力工具。你越了解激勵的意義以及你自己的激勵方式，你就越能運用這項技能來動員他人。
第12個法則：設定更高的目標 （業務影響力：5%。職涯成就：13%）	雖然前方的路時有坎坷，但成功的行銷領導者總是設定較高的目標，一心成就一番事業，哪怕困難重重。

市場行銷學院（Marketing Academy）創始人兼執行長希瑞林．夏克爾（Sherilyn Shackell）總結說：「行銷長面臨的挑戰是，他們現在需要有人來做他們自己都沒做過的工作，在五年或十年前，這些工作甚至還沒有出現。頂級的行銷管理者必須具備一流的領導能力，如此才能讓企業跟上時代的腳步。」

你所需要的領導技能是非常具體的，它們就是行銷領導者的十二個法則。

事實三：行銷領導者不是天生的，你必須藉由學習來獲得。

我們驚訝地發現，個性對行銷領導者的成功幾乎沒有影響。人們可以透過學習來掌握關鍵的行銷領導行為。這一點儘管有悖直覺，細究後卻發現十分合理。行銷領導者與其他部門領導者所需的領導技能非常不同。這是因為，行銷管理者所面臨的局面非常複雜，他們必須彌補三個非常明顯的缺陷：

- 信任缺陷：由於你的大部分工作都與未來相關（例如預計有多少營業收入），所以你的上司和同事難免會（在一定程度上）懷疑你所說的話。
- 權力缺陷：極致的用戶體驗需要很多部門密切配合才能達成，可是這些部門當中的大多數人並非你的直接下屬。

- 技能缺陷：由於行銷技術的發展日新月異，所以你的知識永遠都處在欠缺狀態。這種技能缺陷並不是你造成的，但它的確是所有行銷管理者都要面對的重大挑戰。

作為一名行銷領導者，你必須掌握能彌補這些缺陷所必需的獨特領導技能：

- 首先，即使你無法保證最終能獲得什麼樣的結果，你也必須策動上司支持你的行動（法則一～三）。
- 其次，你必須策動「不是你直接下屬」的同事來共同創造極致的用戶體驗（法則四～六）。
- 第三，你必須策動你的團隊與你一起戰鬥，即便他們仍然在學習數位時代所需的各種新行銷技能（法則七～九）。
- 第四，你必須策動你自己，永不鬆懈，同時激勵身邊的其他人，以此來拓展顧客需求和公司需求的交集區域（法則十～十二）。

行銷領導者的這些技能和領導行為，包括由此而形成的業務影響力和職涯成就，與他們本身的個性並沒有太大關係。

在我們的研究中，我們衡量了行銷長們的五大人格特質（Big Five）：開放性、責任心、外向性、親和力（是否友好、善解人意）和情緒穩定性。而五大人格特質只解釋了高階行銷管理者的業務影響力八％和職涯成就十一％。

所以，你的個性特徵還是會發揮一點作用。而且，作為一名行銷管理者，你的個性很可能與其他部門的同事有所不同，稍後會討論這一點。

但是，領導行銷工作需要非常特殊的技能，你不可能生來就具備。對於行銷人員的成功來說，個性並不是重要的影響因素，因此不要找藉口。你可以透過學習相應的技能來成為成功的行銷領導者。

你（和你的公司）的成功為什麼很重要

我們想透過這本書實現兩個目標。首先，我們希望作為行銷領導者的你能夠實現更好的職涯發展。同時，我們也希望你的顧客和公司都能獲益。

畢竟，如果你成功地拓展了顧客需求和公司需求之間的交集區域，顧客的錢就會花得更合算，公司的業績也會增長，你的前程也會一片光明。為了達成這些目標，你必須改變方式，掌握主動權。我們確實想幫你實現這一點。

接下來，我們想談談為什麼這一點很重要。

托馬斯從小就對行銷和廣告非常著迷。當一家人圍坐在一起看電視的時候，托馬斯總是對廣告更感興趣，所以他能背出很多廣告詞。後來，他順理成章地進入了行銷產業，最終成為金百利克拉克（Kimberly-Clark）在歐洲的舒潔紙巾家庭行銷團隊的領導者。在那裡，他親身體會到在一家有激烈競爭的消費品企業中領導行銷工作的樂趣與辛酸。

托馬斯從自己的行銷領導經驗中發現，行銷領導者需要在最高管理層中發出更加響亮的聲音。於是，他加入了麥肯錫，並成為這家公司的合夥人。他的工作通常是與全球各地的執行長們一起制定策略。

托馬斯意識到，儘管執行長都非常重視行銷工作，但他們當中的很多人既不了解行銷人員實際做了什麼工作，也不知道這些工作對公司的意義。他還發現，很多行銷領導者與他們的執行長之間存在隔閡。

作為麥肯錫公司內部領導力課程的負責人，托馬斯用越來越多的時間來幫助行銷長們獲取更大的職涯成就。他對這件事的熱情讓他成為行銷領導力方面的專家，並促使他展開這本書背後的研究計畫。

在派崔克的職業生涯裡，他一直在幫助企業了解「以顧客為中心」的重要意義，特別是如何在實際經營中做到這一點。他早年任職於IBM公司，後來在一九七六年進入倫敦商學院工作。從那時起，他就在管理、市場和媒體領域發表大量的研究文章，其中包括二〇〇四年與西恩・米漢（Seán Meehan）合著出版的暢銷書《就是要更好：比差異、不如讓顧客更滿意》（*Simply Better: Winning and Keeping Customers by Delivering What Matters Most*）。他還在世界第二大顧客組織「選擇」（Which?）擔任過多年的受託人，後來又擔任總裁一職。除此之外，他還參與創辦了兩家非常成功的線上行銷研究公司。起初，派崔克原本是這本書出版計畫的指導者，但他對這個主題非常感興趣，以至於想要參與成為合著人。托馬斯自然非常樂意接受這一請求。

所以，對我們兩人來說，這都是我們一心想要做的事情！如果我們能幫你和其他行銷管理者提升領導技能，讓你們在公司裡發揮更大的影響力，那麼，你、你的顧客，還有你的公司都將從中受益。我們一想到這點就非常興奮。

讓這一幕成為現實

「經營的目的是製造顧客，所以企業只有兩個基本功能：行銷和創新。」——彼得·杜拉克（一九五四）

所有的執行長都知道，公司長盛不衰的關鍵在於「獲利的同時比競爭對手更能滿足顧客的需求」。這說起來容易，事實證明很難做到。行銷管理者應該成為企業實現「以顧客為中心」的關鍵推動者——特別是在數位時代，很多執行長都指望行銷管理者扮演好這一角色。對行銷管理者來說，現在是改弦更張、掌控全局的大好時機。我們最近跟世界頂尖的領導力教練馬歇爾·葛史密斯（Marshall Goldsmith）提到這一點，他說：「行銷管理者必須把注意力集中在他們能改變什麼，他們能夠改變的東西要比他們想像中的多。」

掌握十二大法則將有助於拓展公司的「價值區」，為你的顧客和公司創造價值，同時讓你自己獲得更好的職涯發展。

不要坐等別人來要求你這樣做，現在就是你扛起責任，領導行銷工作的大好時機。

在這本書接下來的十二個章節裡，我們將分享成功的行銷領導者的案例，同時提出我們的研究證據。最重要的是，我們還將告訴你掌握十二大法則的具體方法。

讀完本書後，你會了解全部的行銷領導十二法則。我們希望，那時的你也能制定出自己的行動計畫來獲取長期的成功。

在你開始之前，請先完成以下的自我測評（依據我們研究的綜合評量表），回答問題不要超過五分鐘。評量結果會告訴你，在這段旅程開始之前，你大概處於什麼樣的位置。說得夠多了，讓我們出發吧。

行銷領導者的十二法則——我現在的位置

下面的陳述是否與你的情況相符？請盡可能誠實作答。在每個描述上方寫下你的分數：

5：完全符合

4：比較符合

3：看情況

2：比較不符合

1：完全不符合

____ 1.我在團隊中營造了濃厚的互信氛圍。

____ 2.其他人能看到我做的事情對達成我們的目標很有幫助。

____ 3.我做的事情為公司帶來了高額的回報。

____ 4.我總是用自己對未來的設想激勵公司裡的其他人。

____ 5.我了解自己，以及我對他人的影響力。

____ 6.我總是站在顧客的角度考慮問題，並以此激勵他人。

____ 7.我的團隊成員很看重責任。

____ 8.我對自己的人生目標有清晰的認識。

____ 9.我的優先事項與公司高層的完全一致。

____ 10.為了解決工作中最關鍵的問題，我組織了一個技能互補、方向明確的團隊。

—— 11.談到我的顧客、產品和產業時，我是一個不折不扣的專家。

—— 12.我總是和最優秀的外部人員一起合作。

十二法則評量結果

請在下面填入描述的得分，並分別計算總分。

策動你自己

陳述5 ——

陳述8 ——

陳述11 ——

總分 ——（滿分15分）

策動你自己的上司

陳述3 ——

陳述9 ——

陳述12 ——

總分 ——（滿分15分）

策動你的團隊

陳述1 ——

策動你的同事

陳述2 ——

陳述7 ________

陳述10 ________

總分 ____（滿分15分）

陳述4 ________

陳述6 ________

總分 ____（滿分15分）

如果你對自己的評量既不是太嚴格，也不是太寬鬆，就可以按照下面的解釋來理解每一項總分的意義：

13至15分：你已經充分掌握了這些行銷領導法則。

9至12分：你已經掌握了部分的行銷領導法則，但還沒有發揮全部的成效。

3至8分：目前你還沒有掌握這些行銷領導法則。

你也可以在以下網址找到完整版的線上評量（此為英文網站）：www.marketingleader.org/download

第一部

策動你的上司

肯定他人的力量並不會削弱你自己的力量

——喬斯・溫登（Joss Whedon），美國作家

法則1：只處理「大問題」

什麼是大問題？

作為一位行銷領導者，如果你想提升自己在公司的影響力，幫助公司成長，你就要確保自己只處理「大問題」。但是，什麼事情可以稱得上是「大問題」呢？

「大問題」是顧客和公司執行長都很看重的問題。「大問題」總是位於「價值區」內。在你處理「大問題」的時候，你作為行銷領導者的影響力也在增長。

舉個例子，我們來看迪伊．杜塔（Dee Dutta）在職業生涯中遇到的一個「大問題」。

在過去幾年裡，迪伊曾擔任索尼（Sony）、Visa等國際著名企業的首席行銷長。

為這一切打下基礎的是他在二十世紀九〇年代初期的一段經歷。當時迪伊在One2One Mobile（後來更名為T-Mobile）工作，他擔任的只是負責顧客行銷工作的小職位。

在那個年代，不是人人都用得起手機，因為打電話很貴。而且，由於顧客月底才收到帳單，所以公司擔心顧客會累積高額通話費並造成拖欠。公司努力避免提供服務給那些有信用風險的顧客，這一點也容易理解。

不過，迪伊的看法卻與此不同。他來自移民家庭，了解什麼是經濟拮据的生活。可是當親友問他：「你能幫我弄一台電話嗎？」他還是不得不婉言拒絕。

就在同一時間，公司召開了全體會議。會議上，迪伊聽到執行長說，市場正在逐漸飽和，公司需要新的利潤增長點。於是，迪伊熱切地期待能同時幫助顧客和公司，他想拓展「價值區」。

他與同事一起提出了一個有人曾說過卻從未獲得普遍支持的想法：為什麼不讓顧客預付通話費？預付通話費可以降低信用風險，增加營收，同時還能讓更多的人獲得使用電話的機會。至少從理論上說是如此。

迪伊的同事認為這麼做不會有效果。財務團隊擔心利潤不足，營運團隊擔心預付通話費存在技術障礙，而公司裡的其他人則擔心顧客是否願意為尚未撥出的電話付費。

可是迪伊沒有放棄。他的團隊逐一解決了問題，並拿出商業計畫書和技術解決方案。他們與高層管理者進行的第一次溝通結果很差，大家都覺得這麼做風險太大。於是迪伊和他的團隊決定展開小規模的測試。

測試結果超出了預期，顧客很樂意預付通話費，而且很多的低收入顧客實際上比現有的合約顧客花了更多的錢——這讓公司獲得更多的利潤。

迪伊的團隊再次與管理層進行溝通。這一次他們不僅有想法、有計畫，還提出佐證的數據。管理層最終同意通過這個專案。這家公司成功在業界首創推出商業化的即付即用服務。[1]

這個消息在電信界迅速傳播。今天，即付即用仍然是全球顧客的第一選擇。根據二〇一二年的一項統計顯示，預付通話費合約占有率高達七七%，年銷售額多達七千億美元。[2]

迪伊和他的同事們改變了自己的命運，同時讓公司和世界發生巨大的轉變。這一

---

1 有人把一家葡萄牙公司作為預付通話費用的開山鼻祖。這種由不同的人在同一時間做出偉大發現的事已經不是第一次了，例如牛頓和萊布尼茲同時發明了微積分。

2 資料來源：A. T. Kearney, *The Mobile Economy*, 2013.

切都是因為他們為顧客和公司解決了一個「大問題」。迪伊解決了一個足夠重要的問題，一切都因此而改變。

公司的生存和成功都取決於：在獲利的同時比競爭對手更能滿足顧客的需求。而你是公司中理解顧客的關鍵，動員公司的核心領導者為顧客提供更好的服務是你的職責。首先你要做到的是：處理「大問題」。

處理「大問題」不僅對迪伊很重要，它也是所有行銷領導者獲取成功的重要推力。然而，真正著手處理「大問題」的行銷領導者並不多見——這既是一個問題，也是一個機遇。

在我們的早期研究中，我們與負責全球行銷工作的行銷長們談論他們的工作，我們問：「你是做什麼的？」對方的回答千奇百怪，非常有趣。有人說：「我是做品牌管理的。」有人說：「我是做市場行銷的。」

類似這樣的說法不容易被公司領導者接受。如同行銷學教授兼專欄作家馬克・里特森（Mark Ritson）所說：「太多的行銷管理者一走進滿是高階管理者的辦公室，就大談特談如何建立品牌意識和品牌價值。沒有人對這些東西感興趣，只有你在津津樂道，你還以為別人都贊同你的話。優秀的行銷管理者會研究如何把自己做的事情與組織裡利益相關者的需求結合起來，後者例如留住員工、增加利潤和做好管理結構。」

行銷負責人對自己的角色都有不同的理解，然而我們對成功的行銷長的訪談卻呈現出一個共同點：他們都擁有最高階管理層的視角。他們不談市場行銷，而是談整個企業。他們不多談廣告、品牌或顧客需求，而是談營業收入、成本和利潤，以及如何為顧客提供更好的服務。最優秀的行銷領導者關心一件事，就是「如何透過行銷工作幫助公司解決最突出的問題」。

在我們的研究中，處理「大問題」對業務和行銷管理者的職涯成就貢獻度均為一〇％，[3]其餘的比例

[3] 更準確地說，此處的一〇％指的是在行銷領導力的十二大法則中所占的比例。

行銷管理者的業務影響力和職涯成就的貢獻度

業務影響力	只處理「大問題」（10%）
職涯成就	只處理「大問題」（10%）

行銷管理者的領導行為對業務影響力和職涯成就的相對權重，占神經網絡模型中所有領導行為的百分比，樣本數量：1,232份。

在我們的研究中，只處理「大問題」的行為包括：理解什麼是正確的事情，所列優先事項與公司領導者的一致，思考整體狀況，關注優先事項。

資料來源：行銷人員DNA研究，巴塔和巴維斯，2016年（*The Marketer's DNA-study*, Barta and Barwise, 2016）

由另外十一個領導法則分攤。一〇%是一個不小的數字。我們的研究首次證明，兼顧顧客需求和公司需求（聚焦「價值區」），能夠大大提升行銷管理者的業務影響力和職涯成就。在我們的核心研究中，高達七六%的行銷管理者告訴我們，他們善於發現公司裡最重要的事，並且能夠與公司的領導者在這方面保持一致。

不幸的是，他們的上司並不認同這一點。在我們的全面大型資料庫中，一些上司甚至懷疑行銷管理者是否了解公司的發展方向。只有四六%的上司認為他們的行銷管理者了解公司的發展方向，並且與核心管理團隊的看法一致。

我們不是這個問題的唯一發現者。經濟學人智庫最近發現，五四%的公司領導者認為，他們公司的行銷策略和經營策略並不一致。[4]一家國際消費電子公司的執行長在接受訪談時總結說：「我們董事會所擔心的是，如何在保證利潤的基礎上發展特許經營，以及我們的聲譽如何，如何儲備人才。而我們的行銷團隊關心的卻是廣告和預算。這一點讓我們非常頭疼。」

在「價值區」內工作是成功的關鍵。你可能覺得你正在處理「大問題」——然而你的上司卻未必這樣看。

想要弄清楚「價值區」裡到底有哪些「大問題」，這不是一件容易的事，從下面的例子就能看到這一點。

美國一家大型金融機構的行銷團隊與本書作者托馬斯展開合作，他們想要擴大團隊的影響力。托馬斯回憶道，第一天，我要求該公司行銷團隊成員回答一個簡單的問題：「你們的顧客最關心哪些事情？」房間裡氣氛非常活躍，每個人都飛快地寫下自己的想法。

我的第二個問題讓團隊成員陷入苦思：「從執行長的角度看，公司的三大優先事項是什麼？你們有哪些行銷工作與這三件事情一致？」大多數行銷團隊成員都很難想起那些讓他們老闆擔心到夜不能寐的事情。能寫出一件與公司目標一致的事項的團隊成員還不到一半。

我的第三個問題幾乎使研討會進行不下去：「行銷的三大優先事項對公司有多大價值？」大多數人都放下手中的筆。他們說，他們的工作很難量化，甚至不可能量化。

---

4 資料來源：Economist Intelligence Unit. “Outside Looking In: The Com Struggles to Get in Sync with the C-suite,” (2012).

團隊花了一整天的時間來了解公司執行長的優先事項，並且將它們與顧客的優先事項做匹配（由此來找到「大問題」），最後再為這些行銷的優先事項設定處理的順序。

後來，他們努力解決「大問題」，讓他們團隊在公司內部的影響力明顯提升（同時讓行銷長坐穩了他的位置）。

很多行銷管理者努力工作，結果卻很難得到老闆的肯定，為什麼呢？因為他們沒有處理「大問題」。他們在「價值區」的外圍工作，於是導致我們都見過的這種狀況：預算削減，升職緩慢，開會發言順序都排在最後等等。

如果你做的事情跟顧客沒有關係，你就不會獲得市場的回應。如果你做的事情跟執行長沒有關係，公司裡就不會有人在乎你的看法，儘管你可能「忙得要死」。

作為一名行銷領導者，你的優先事項要與顧客和公司的優先事項（「價值區」的核心）一致，如此才能事半功倍。你的首要任務是找到你能施加影響的「大問題」，它們應當與顧客的重點需求、以及執行長眼中公司的重點需求密切相關。

印度最優秀的行銷管理者之一、思科系統印度與南亞區域合作聯盟（India & SAARC of Cisco Systems）行銷長南達·基肖爾·巴達米（Nand Kishore Badami）告

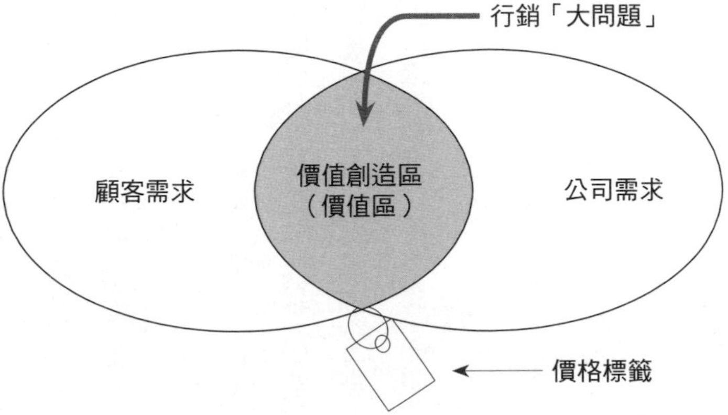

圖1-1　行銷「大問題」

訴我們：「為了滿足顧客的需求，我和團隊努力工作。但是，我們也知道我們的總裁和執行長心裡放不下哪三件事——顧客有需求，公司也有需求，行銷管理者必須理解這些需求，並盡力通盤考量。」

你要找到「顧客的迫切需求」和「公司的迫切需求」之間的結合點。只有把兩種需求結合起來，你才能發現行銷面的「大問題」。而且，為了讓其他人了解這一問題的重要性，你還必須給它掛上價格標籤，以此來表明它的價值（增加多少營收，節約多少成本，提升多少利潤等等）。行銷的「大問題」總是少不了要有一個價格標籤。

福特汽車德國分公司執行長伯恩哈德·馬特斯（Bernhard Mattes）知道這麼做有多重

要。伯恩哈德曾經擔任該公司的行銷經理，他在負責公司的行銷工作時，很快就發現了一個「大問題」：福特汽車的定價。

當時，福特的掀背車和豪華轎車（例如Ford Mondeo）售價相同。福特為這些汽車設計了多種功能，卻不管顧客是否需要它們。此外，還為各種車型設定了相同的價格。

在伯恩哈德之前，公司所有的行銷管理者都把工作重點放在行銷活動上，然而伯恩哈德解決的是一個更大的問題：以價值為基礎定價。他說服董事會，根據顧客對各種功能的看重程度來為汽車設定價格。這麼做降低了基本款汽車的售價，同時提高選配汽車的售價（和利潤）。如此一來，不僅顧客和公司雙雙獲益，伯恩哈德的職業生涯也大獲成功。

One2One通訊公司的迪伊．杜塔也運用價格標籤來解決一個「大問題」。為了說服公司管理層推出「即用即付」服務，他和財務團隊進行了詳細的利潤分析。他們發現，這項服務每年可為公司帶來的潛在利潤高達數百萬美元。

現在，我們來看看如何找到你必須要處理的「大問題」——顧客和執行長都關心的問題。

如何找到你的「大問題」

尋找關鍵的顧客需求

如果你知道未來的增長點在哪裡，你的執行長就會認真聽你講話。倫敦交通局（Transport of London）行銷總監克里斯多福．麥克勞德（Christopher Macleod）說：「行銷管理者要在公司制定經營策略時發揮更大的作用，他們要有能力指明市場的走向，例如明確說出未來的增長點。」

作為一名行銷領導者，你很可能已經了解顧客最關心什麼問題、有哪些需求和願望。把它們一一列出來，最後把清單縮減到最重要的三項。注意，清單中要使用顧客的語言。不要寫「良好的用戶體驗」這種話——沒有顧客會這樣說話。你要使用顧客真正會說出口的話，例如，「儘快送到」、「我在火車上時也能購買」、「洗黑色T恤的時候不掉色」。

製作完清單後，如果你仍然不確定顧客的關鍵需求是什麼，就透過以下方法來找到它們（如果你已經清楚，就跳過這部分）。

找到「只需做得更好」的顧客需求

大多數長盛不衰的品牌和企業所憑藉的都是小而持續的改進。他們的做法很簡單：在獲利的基礎下，他們在「滿足顧客需求」上比競爭對手「做得更好」。

那麼首先你就可以考慮，有什麼事情讓顧客感到失望，這是導致顧客投訴和不滿的主要原因。解決了這些問題，你在顧客心目中的地位就會提升。

漸進式改善的另一條路徑是：找到顧客的潛在需求。想一想，有什麼辦法能讓你和你的競爭對手都做得更好？這能幫助你推出顧客重視但得不到也不會有意見的產品或服務。你能找到某種方式來率先提供滿足這些潛在需求的產品或服務嗎？最終，你的努力有可能會提升整個產業的水準。

高露潔（Colgate）就是不斷做出小而持續改進的代表之一。近一個世紀以來，這家牙膏品牌一直在業界居於領先地位。首先，牙膏是一種人們不會特別在意的日用品。其次，業界還有寶僑（P&G）和聯合利華（Unilever）這樣的強勁對手。在此情況下，高露潔還能取得如今的成績已經相當不錯。

高露潔不斷將整個市場推向前進。含氟牙膏、藍色薄荷味牙膏和全效牙膏等微小創新僅是其中的部分例子。很少會有顧客把這些產品視作突破性創新（儘管在業界人士眼裡，它們的創新意味更濃），但是這為顧客帶來了好處，同時讓顧客們幾十年如一日地反覆購買該品牌。

想想你所知道的那些最成功的企業（除了極少數的例外），它們長盛不衰的真正原因很可能就是「持之以恆的漸進式創新」。即便對那些當初起家於突破性創新的企業來說，這一點仍然適用。[5]

反面的例子也有很多。有的企業沒有專注於「只需更好」來滿足顧客需求，而是表現得過於激進。例如英國高檔運動時尚品牌 **Fred Perry**。當約翰．弗林（John Flynn）於一九九三年接任執行長時，公司的經營十分混亂。在瘋狂成長的誘惑下，為了滿足更多的消費者群體，這家公司的高檔和平價產品線混雜成一團。由於看不清公司的品牌定位，顧客逐漸流失。如今，這家品牌因一連串的改進和專注細節而獲益，再次煥發生機。最重要的是，**Fred Perry** 重新獲得了最忠實的高檔買家的青睞。

---

5 我們知道這一觀點是有爭議的，一些讀者可能會對此持懷疑態度。如想了解這個觀點的憑據，請看派崔克．巴維斯與西恩．米漢合寫的《*Simply Better*》書中第21-23頁，特別是他們的第二本書《*Beyond the Familiar*》的第15-17頁和第93-118頁。

沒有人不喜歡突破性的創新，一旦成功就會大受歡迎，帶來巨額收益。只是這樣的成功極難實現。「漸進式」幾乎是一個粗魯的詞，但事實上，對於大多數公司來說，產品和服務的持續漸進式改進才是長期利潤增長的關鍵。

即使對於以顛覆性創新而聞名的蘋果公司（Apple）來說，「使我們擊敗競爭對手、獲得市場占有率的，正是這種持之以恆的改進。」史蒂夫・賈伯斯（Steve Jobs）在去世前幾個月的投資者會議上這麼說。二〇一一年，設計出iMac、iPhone和iPad等標誌性產品的蘋果首席設計師喬納森・艾夫（Jonathan Ive）說：「我們的目標很簡單，就是設計和製造更好的產品。如果我們做不出更好的產品，我們就不做。」

常年堅持「只需更好」的競爭策略是找到顧客需求的有效方法。為什麼？因為這會迫使你站在顧客的角度找出最重要的事情，這些事往往與公司所設想的不一樣，而且往往更加實際。

尋找「大爆炸」式的顧客需求

尋找顧客需求的另一種方式是製造全新的顧客需求。

在一些成功的行銷領導者看來，蘋果著名的廣告台詞「不同凡想」（Think

Different）仍然熠熠生輝。

最激動人心也最具吸引力的顧客創新，是將整個市場引向全新方向的「大爆炸」式創新。有時候這些大爆炸式的想法來自顧客的需求，也有時候顧客根本想不到自己有這樣的需求。

賈伯斯曾經說，如果當初他詢問顧客想要什麼，iPod就不會誕生。再往前一代，Sony隨身聽（Sony Walkman）也是類似的情形。據說，Sony隨身聽最初是為了讓公司的聯合總裁可以在長途航班上聽歌劇而開發的。如果班·柯恩（Ben Cohen）沒有用強烈的味道和質感特別的配料來取悅朋友傑瑞·葛林菲爾德（Jerry Greenfield），那麼班傑利（Ben & Jerry's）冰淇淋就不會誕生。其他著名企業家像是聯邦快遞（FedEx）的弗雷德·史密斯（Fred Smith）、Google的賴利·佩奇（Larry Page）和雅虎（Yahoo!）的楊致遠（Jerry Yang），他們都因為創造了新的產品類別而獲得極大成就。

有時候，即使是成熟的公司也能創造出新類型的產品。ＩＢＭ在一九六四年推出了相容性極強的大型電腦System/360；寶僑於一九九九年推出全新的清潔工具。

這個世界需要行銷領導者提出突破性、顛覆性的想法和全新方式來滿足顧客的基本需求，而且要同時超越目前的解決方案。

你可以解決哪些顧客需求？人們如何（或在哪裡）用餐、睡覺和工作？如果你能找到有利可圖的大爆炸式想法，那就太棒了。如果你找不到，也沒有關係。因為大多數的成功創新只是讓自己的產品、服務和業務體系做得比競爭對手「更好」。

找到執行長眼中公司的關鍵需求

了解公司的需求並不是一件容易的事，你需要做出一個重要決定：是被動接受，還是主動提出。

你可以透過詢問來了解公司領導者的優先事項，然後把它們作為你自己的優先事項（被動接受）。不過，你也許會認為公司的領導者不了解顧客的關鍵需求，所以你有責任把這些優先事項放到議程（主動提出）。以上兩種做法都是合理的選擇。

並不是所有的行銷領導者都能（或都應該）影響公司最高層的議程。只要高層的優先事項能同時讓顧客的需求得到滿足——也就是讓優先事項處於「價值區」內，你就可以把公司目前的優先事項當作你自己的優先事項。話雖然這樣說，但這只是你的主觀判斷。在任何情況下，你都應該主動了解公司核心領導者們的想法。

你需要付出努力去和公司高層領導者保持一致。對於「大問題」，人們的看法有可能非常不同，但是你要去了解公司有哪些「大問題」，這是你應該做出的一項重要投資。

也許你與執行長共進一次午餐就能明確了解公司最重要的事，但是這麼做也可能不夠。實際上，我們會建議你多找幾位高層領導者來談談，看看他們最在乎什麼事情。

如果你了解公司情況，這些談話就可以幫助你確認自己所知道的事情。如果你剛進入公司不久，那麼與公司領導者短暫會面是你介紹自己的有力途徑。順便說一句，你不必一定是行銷長才能問：「公司最重要的事情是什麼？」即使是行銷新手，這麼問也完全沒問題。以下是你和公司高層會面時的一些提示：

一、帶著開放的心態和見解。你不能只是說：「您好，我想了解公司最重要的事情是什麼。」這麼說可能會招來對方的輕視。你要有自己的觀點，並且把它作為初始的假設提出來。此外，你要拿出請教的態度。

二、讓會面顯得重要。會面時，你要略微表現出一點急迫感：你是來討論重要問題的，你很想助公司一臂之力。

三、總結公司的關鍵任務。會面結束時，扼要重述公司最重要的兩三個關鍵事項，以此來得到對方的確認或糾正。

四、思考如何與這位領導者合作。一旦你了解到要解決哪些問題，你與對方的合作就變得至關重要。幾乎可以肯定地說，你需要對方的支持，所以你要思考如何彼此照應。

以下是一份會面概要的範例：

與財務長漢娜的溝通

公司亟待解決的事項：

1. 在拉丁美洲的市場繼續保持領先地位。
2. 全面提升公司在美國市場的利潤。
3. 吸引和留住人才，特別是在亞洲地區。

如何就初步的想法配合：

1. 強化拉丁美洲顧客對公司產品的喜愛。打造一個快速成功的指標專案。
2. 淘汰美國顧客很少使用的高成本產品功能。
3. 啟動「產業最佳行銷團隊」人才計畫（例如與大學行銷科系合作）。

如何解決「大問題」

人們經常問我們：「與高層領導者交談後，如果我知道了好幾件前景很好的重要事項，我該如何從中選擇呢？」這個問題沒有確定的答案，不過你仍然可以參考以下的原則：

一、雙贏原則。盡可能追求顧客和公司的雙贏，選擇能夠實現顧客和公司利益最大化的事。為什麼？因為處理這些事將有助於你拓展「價值區」！

二、實在原則。選擇看起來可以透過實際努力來解決的問題。

三、熱情原則。和一些人說說你的想法，你很快就會發現自己的想法能否激發他們的熱情。有沒有熱情會是成功和失敗的分水嶺。

四、衡量成功原則。當你還在該職務時，選擇可以衡量工作績效的事。

為「大問題」設定一個價格標籤（用有力數據來證實它）

「我們只相信上帝。其他的都必須用數據說話。」對行銷領導者來說，這句可能出自品管大師戴明（Ed Deming）的話無比真切。

為什麼財務長那麼重要？部分原因在於，他們手中掌握著關於公司重要事項的可靠資料，例如成本、營收和利潤，而這些事對執行長至關重要。

但是，顧客不也同樣重要嗎？從長遠來看，顧客資料和財務數據對執行長一樣重要。你有責任為你的「大問題」找到數據支持，並且把它們分享給公司的其他同事。

大多數行銷數據並不能引起公司執行長的重視，例如「品牌知覺」和「廣告總收視率」。離開了正確的使用場合，這些術語就會變得無關緊要。

找到執行長希望看到的重要指標，用這些指標來支持你的「大問題」，並針對這個「大問題」進行定期報告。這個做法對於你在公司內部樹立地位和發揮影響力十分關鍵，重要性怎麼強調都不過分。

試想以下的情況。你是一家保險公司的品牌經理，顧客認為你們提供的購買建議不夠好。你從調查中得知，你們公司的品牌口碑很差。顧客的實際體驗大多來自他們與銷售團隊的互動，而銷售團隊的工作動力主要來自短期佣金，並且銷售團隊並不是你的直接下屬。此時你該怎麼做？

當然，你可以將你的想法和培訓手冊發送給銷售團隊，希望他們能夠按說明操作。他們可能會照著做，但更有可能不會這麼做。

如果你追蹤用戶體驗，以及這些體驗對品牌認知和後續銷售的影響，然後建議銷售團隊將顧客滿意度加入績效考核（這將推動長期的銷售），那麼結果會怎樣呢？人們也許一開始不喜歡你的想法，甚至質疑你的「大問題」資料是否真實。但是，如果你的資料確實沒有問題，你或許很快就會發現，銷售主管正在努力提升顧客對銷售團隊的評價。沒有人可以長時間忽視扎實的數據資料，特別是當這些資料能反應顧客評價對銷售業績的巨大影響時。

決定用戶體驗的最關鍵人物可能不是你的下屬，但是作為一名行銷管理者，如果你能始終如一地呈現「大問題」的正確資料，這樣的做法會比任何彙報都管用。

在寫這本書的過程中，我們和一些行銷管理者談到了數據資料在幫助解決「大問題」時的作用。雖然他們都認為數據資料很重要（如果有潛在機會的話），但一些人還是提起現實生活中的侷限。他們問：「如果緊急決策時來不及收集數據資料怎麼辦？」、「如果我們經費不足，做不了相應的研究來證明我們的觀點怎麼辦？」還有，「如果我們的資料做得非常好，可是執行長就是喜歡憑感覺做事呢？」

對於這些問題，我們無法提供完美的回答，行銷永遠是可能性的藝術。但是，你也不能把它們當成憑直覺做決策的藉口。你要著手收集數據資料，驗證想法，看看哪些方法可行。假以時日，你就能為解決「大問題」找到扎根於事實的方法。以下是關於如何用數據資料來支持你的「大問題」的提示。

一、為你的「大問題」標上具體的數字（價格標籤）。不論你選擇什麼問題，都要預估你的「大問題」值多少錢，最好用美元、歐元、日元或當地使用的任何貨幣單位把它標示出來。例如，如果你的「大問題」是留住二%的顧客，這一點可以值多少錢？如果你想在市場上吸引更多的中年顧客，公司的年營業收入或利潤有可能增長多少？有些估計值或許很難計算，你可以和財務團隊或其他專業人士合作，至少要獲得一個大致的數字。

二、**在彙報的報告中，盡可能把顧客需求和公司需求連結起來**。例如，一家零售商的行銷長顯示出顧客滿意度（屬於顧客需求）對荷包占有率（指顧客在該零售商的花費占其在同產品的花費百分比，屬於公司需求）的影響。一家銀行的行銷負責人追蹤研究了顧客交易（屬於公司需求），並將此與品牌偏好（屬於顧客需求）連結起來。一家中型服務公司的銷售行銷經理發現，顧客推薦度（顧客建議和推薦其他人購買某產品或服務的可能性，屬於顧客需求）能夠影響公司長期的銷售業績（屬於公司需求）。

三、**報告要（非常）簡潔**。一個關鍵數據勝過十個不重要的數據（沒有人會看）。

記住：如果你手裡握有關於「大問題」的數據資料，公司核心團隊的視線就會立即集中到你身上。

探索：你能用一個簡單的數值來評估顧客需求的滿足程度嗎？

我們認為可以，例如淨推薦值（Net Promoter Score，NPS）。在計算淨推薦值的時候，每名顧客只需回答一個簡單的問題：「你可能會和朋友或同事推薦這個品牌或這家公司嗎？」這個問題的答案是所有人都能理解的簡易參考。這個方法普遍適用於所有的顧客接觸點（例如客服中心、門市店鋪）和公司的所有部門。

有一位行銷負責人甚至在辦公室安裝了監視器，以此掌握來自商店、客服中心和網站的顧客回饋。這家公司一邊不斷了解顧客的長期需求，一邊能在出現短暫問題時迅速做出反應。

淨推薦值等工具不可避免地過分簡化了現實，因此，一些行銷管理者會以技術為由拒絕使用，然而事情的重點並不在這裡。你的目的是要在獲利的同時比競爭對手更能滿足顧客需求，而「淨推薦值」這個簡單工具已經可以幫助你達成這個目的。

不要求升職，要求負責帶領「解決大問題」的團隊

一旦確定了「價值區」內顧客和執行長的「大問題」，你就要提出解決問題的方案，以便讓核心決策者授權你領導執行。

美國某間寬頻公司的新任行銷經理索尼亞（Sonya）就是這麼做。她剛到公司幾個星期後就發現，行銷部門的工作氣氛非常低落。當她詢問團隊成員在公司的感覺時，一位品牌經理說：「沒有人在乎行銷工作。」另一位同事抱怨說：「他們只知道削減我們的預算。」行銷部門像是一座孤島，落寞無助。

為了讓行銷工作重新得到公司高層的重視，索尼亞知道，她必須讓自己的團隊專注於一個「大問題」，而且必須以身作則。這個「大問題」是什麼呢？

由於市場快速增長，因此所有的企業看起來只有一個目標：透過優惠吸引顧客。各地的門市裡貼滿了誘人的優惠方案。不過索尼亞很快就發現，為了買到「最划算」的服務，顧客擁有非常嚴重的選擇焦慮。很多人只想簽訂一份足夠好的服務合約，然後把這件事從大腦中清空。

索尼亞還發現，公司花費巨資獲取新用戶，卻幾乎沒有採取任何措施來留住那些

有貢獻度的潛在用戶。這種做法帶給他們更大的麻煩，因為新用戶的增長正在放緩，執行長對公司的獲利能力越來越擔心。

由此索尼亞得出結論：公司必須改變整體的顧客模型，從單純獲取新用戶轉變為有選擇地獲取新用戶並設法留住他們。她做了一些推演，其中最保守的情形顯示，如果公司能在留住顧客方面做得更好，每個月就可以節省二百五十萬美元。

當然，索尼亞的前方並不是一條平坦的路。想要改變公司獲取和留住新用戶的方式，這會涉及到行銷以外的許多部門，例如營運和銷售部門，於是她面對了很多激烈的爭論。在一次營運會議上，索尼亞再次告訴所有人，為什麼公司目前的做法是錯誤的（她沒有意識到這麼說會讓一些人感到尷尬）。而當她與董事會成員談得越多，人們就對她的大膽想法越感興趣。

事情的突破性發展出現在年度管理會議上。索尼亞根據眾人的意見調整了自己的想法，她深吸一口氣，大膽提出自己的方案，並在最後說：「我願意站出來負責這件事。」

會議進展得非常順利。她的報告結束時，執行長站起來說：「你已經完全說服我們。公司的顧客管理策略應該交由你來調整。」

不到兩年時間，這家寬頻服務公司徹底改變了行銷模式，利潤率明顯增長，而且現有的顧客感覺自己得到了更好的服務，公司的顧客滿意度也因此提升。之後索尼亞不僅晉升，還帶領一個「處理大問題」的團隊，這個團隊拓展了「價值區」的範圍。

自告奮勇帶領解決「大問題」的團隊，是行銷管理者提升影響力的有效途徑。我們在研究中驚訝地發現，很多行銷管理者都憑藉主動請纓「解決大問題」而獲得跨越式的職涯發展。

一位消費品公司行銷長的故事也顯示出「解決大問題」能推進職涯成長。

當她作為一名品牌經理來到這家公司時，公司還沒有行銷長的職位。她透過帶領一個大型專案來證明自己。接著，她開始制定公司未來的市場行銷願景。市場正在迅速變化，她知道數位行銷的興起是一個很大的機會，對於公司未來該如何服務顧客，她也有自己的設想。她還確信，公司需要一位真正的行銷長來為數位化轉型掌握航向。

她在董事會上提出自己的計畫，並毛遂自薦擔任公司的行銷長。董事會同意了她的方案。這位行銷長以一種非常巧妙的方式表達自己的職業抱負。她在「價值區」內發現了一個大問題（「顧客服務數位化」），接著制定出解決方案，主動提出要負責執行該計畫。這種針對「大問題」的工作方式，為她成為優秀的行銷長奠定下堅實的基礎。

行銷管理者常常表示，他們不喜歡提出晉升的要求。然而我們的研究顯示，「用正確的方式積極追求職業成功」確實有助於推動職涯成長。不要只是要求升職，你要制定一個周全的計畫來拓展「價值區」，然後為此主動請纓，負責執行計畫。

探索：引領解決數位化的「大問題」

對於今天的大多數執行長來說，數位策略是一個「大問題」。行銷管理者可以幫助公司在制定數位化策略上發揮重要作用，並且能因此提供更好的服務給顧客。但是在數位化面前，行銷管理者最常見的反應是恐懼。他們害怕沒有掌握足夠的知識，害怕錯過重要的趨勢，害怕落後於時代。一位行銷長告訴我們：「數位化時代讓我非常頭疼。要學的新工具太多了，每天都有新變化。我們的首席技術長剛採購了一批新上市的資料探勘軟體，如何在顧客資料中運用這些軟體來找到更多價值，對此我得提出自己的看法。這種工作永遠都做不完。」

制定數位化策略雖說是一件非常複雜的事情，但也沒有複雜到無法完成的地步。遺憾的是，很多行銷管理者混淆了數位化策略（如何藉由數位化來幫助拓展「價值區」？）與數位化戰術（應該要使用哪些數位化工具？）的區別。這就像是你在不清楚自己是否需要一輛車的情況下選擇車的顏色。

你要同時看清大策略（「整體」模式）和小戰術（「局部」模式），而不是混淆它們，這是所有的行銷管理者都必須修煉的重要技能。

假如你是行銷新手，那麼只關注一些重要的數位化工具和技術就沒有問題。但是，一旦你管理一個團隊（更不用說管理整個行銷部門），你就不可能永遠保持在「局部」模式，一心學習所有新的數位化工具。這些工具你永遠都學不完，而且更糟的是，你會錯過在更重要的事情上幫助公司的機會，例如制定數位化時代的顧客關係管理策略。

作為行銷管理者，你必須先學會進入「整體」模式，制定數位化時代的顧客管理策略。這意味著你首先要回答一個「大問題」：如何透過數位化來拓展「價值區」（同時滿足顧客需求與公司需求）？然後，你才能進入「局部」模式，專注在具體的戰術工具，以此執行你的策略。

先看「整體」，再看「局部」（接下來可能還要回去看「整體」，接著再去看「局部」，如此反覆），最優秀的行銷管理者正是藉由這種做法來確保「數位化」能創造價值。

如果你覺得自己對數位化沒有把握，這也不是你一個人的問題，因為沒有人有把握（當然，專門從事數位化業務的公司除外）。不過以下的步驟應該能幫助你在數位化策略上保持領先，不論你在這方面的資歷如何。

「整體」模式

在查看具體的數位化工具之前，先後退一步，問自己這些問題：

1. 如何借助數位化解決某個真實的（已知或潛在的）顧客需求？（例如將產品更快速、更實惠、更契合需求或更方便提供給顧客）如何借助數位化改進產品，提升服務品質，以及改善用戶體驗的其他方面？
2. 如何借助數位化解決某個真實的公司需求（例如更好、更快、更高效或者更經濟地研發、製造、分銷、銷售產品）？
3. 如何借助數位化拓展「價值區」（顧客需求和公司需求的交集區）？

4.在問題1至3的基礎上，公司的數位化顧客管理策略應該是什麼樣？與你們的首席技術長、財務長或營運長合作，或選擇外部合作者來制定這一策略。透過溝通，你很快就會發現，哪些外部合作者只是想賣東西給你（也許大多數都是如此），而哪些是真的想幫你制定策略。邀請兩到三名外部顧問為你做數位化現狀評估。設想相應的時間安排、花費和可行性。根據我們的經驗，整個過程有可能需要三至六個月。也許你經過分析後會發現，在數位化方面，能夠實現最大增長和利潤的是用戶導向的創新、生產速度，甚至還可能是廣告和促銷。

5.在數位化顧客管理策略上展開溝通。正如你將在本書中看到的，有了「極好的方案」不代表人們會自動跟隨你。當你執行你的數位化策略時，你幾乎必然會接觸到行銷部門之外的很多管理者。你需要與所有重要的利益相關者討論你的建議，理想的做法是：讓他們一開始就參與策略的制定過程。在竭盡全力之前，你要安排在三至六個月的時間走出辦公室，動員大家一起努力（見本書的第五法則）。一旦你在數位化方面擁有了清晰的視角，這將使你脫穎而出。

「局部」模式

儘管策略是關鍵，但是你需要深入理解與策略有關的最重要數位化戰術工具。由於此刻你已經擁有了策略的視角，所以你應該有能力判斷不斷湧現的數位化工具，拋棄掉其中的大部分，最後專注地深入研究其中的小部分，這是更加可行和有益的做法。以下是行動的具體步驟：

1. 根據你的策略，選擇少數（二至三種）數位化工具或戰術，然後直接執行或小範圍測試。學習一些待人接物的生存本事。即便你是行銷長，都要親自使用重要的工具一段時間，接受訓練，獲得第一手經驗。如此一來，當你需要針對這些工具做出重大決策的時候，你就能輕而易舉地進入「局部」模式，因為你了解其中的門道。這些工具大都不像火箭科學那樣難懂，如果你肯在上面花點時間，想要徹底了解其中的二至三種工具，是完全可行的。「局部」模式的關鍵是要「優中選優」。

2. 放棄其餘。為了使數位化發揮作用，你必須找幾匹馬來押注。如果你的數位化策略包含二十五種工具，那麼你可能哪一個都做不好。選擇其中二到三種最重要的工具（見上一步），然後放棄其餘的大部分工具，只選取少數當作「備胎」。

3. 決定外包事項。如果你無法確定某種數位化工具效果如何，你可以交給外部人員測試運作，待查看結果後再做決定。很多人都想把工具推銷給你，較好的做法是，你先要求對方為你測試運作一段時間，待確認效果後再行購買。

4. 整理數據資料。如果你的數位化工具確實有效，這種效果應該呈現在數據上（利潤、營業收入）。如果你連大致的數據都得不到，你和公司其他人恐怕都會質疑這個工具是否有效。就本質來說，大多數數位化行銷針對的並不是長期的品牌建立，而是短期、點狀、可量化的顧客反應，或者其他可量化的短期結果。

5. 測試一項完全偏離策略的工具。我們剛剛告訴過你，策略決定了你會選擇哪種戰術工具。現在，我們提出一個相反的建議，你要測試一項可能完全偏離策略、但同時讓你非常感興趣的工具。在飛速發展的數位時代，你無法預見一切。你可以順便測試一種新工具，看看它的結果，如果實際應用效果不錯，你可以調整自己的策略。因為你現在已經有了整體上的重點，所以你可以讓自己略微分點心。有傳言說，Google就是依靠這樣的方式推出一些最賺錢的創新產品。

「整體」模式和「局部」模式有助於制定重要的數位化顧客管理策略，掌握關鍵的數位化行銷工具。你的策略角度和你對戰術工具的親身體驗（即使你是公司最高層），能幫助你進行關於數位化策略的溝通。而且我們知道，大多數執行長都希望行銷管理者能夠做到這一點。

作為一名行銷領導者，你要確保只處理「價值區內的大問題」。如果有疑問，請遵循汽車配件銷售商哈爾福斯（Halfords）的吉爾．麥克唐納（Jill McDonald，他由行銷長升任為執行長）的建議：「永遠恪守做生意的樸素原則——你如何賺錢？你的顧客如何看待你？」

你必須回答的關鍵問題

為了成為公司最高階管理層的一員，也為了動員你的老闆來滿足顧客的需求，你必須處理大問題——也就是能夠拓展顧客需求與公司需求交集區的事。處理「大問題」是拓展「價值區」的核心驅動力。

◎顧客最重要的需求是什麼？

◎公司最高階管理層最重要的需求是什麼？

◎如何使用基於可信數據的成本來證明這個「大問題」很重要？

◎你如何自告奮勇主動出面解決這個「大問題」？

◎你有沒有反覆在「整體」和「局部」兩種模式間引導公司的數位化策略溝通？

你也可以在以下網址下載這些問題：www.marketingleader.org/download（此為英文網站）

法則2：無論如何都要獲取收益

我代表成本還是收入？

作為一名行銷管理者，你必須不斷證明：行銷工作能為公司帶來財務收益。為什麼？如果公司知道你的工作能夠帶來收益，你的重要行銷計畫就能獲得更多的資金支持。

為了讓大家更理解我們談論的內容，我們來看看福特汽車公司前行銷長吉姆．法利（Jim Farley）的例子。

二〇〇七年，吉姆離開凌志汽車（LEXUS）加入了福特。不久後，如同大多數美國汽車製造商一樣，福特也遭受到金融危機的沉重打擊，本已下滑的銷售更是雪上加霜。二〇〇八年，福特公司公布了巨大的虧損。

吉姆知道，品牌形象對購買有非常大的影響，而福特的品牌形象已相當糟糕。他認為，恢復市場占有率最好的方法是：重新樹立公司曾經良好的品牌形象。但是這需要投入大量的時間和資金。

可以想像，福特的許多領導者都對此抱持懷疑態度。由於資金緊繃，領導者們都不願意在行銷上投入資金。他們認為，把錢花在行銷上未必有效果。吉姆面前橫著一座大山，他必須證明，行銷是有效果的。

吉姆與財務等部門同事一起設計了一個行銷模式，能顯示出品牌偏好對銷售的推動作用。雖然這個模式並不完美，但已經足以證明行銷的投入、品牌偏好和銷售數字之間的關聯性。

隨後，吉姆巡視了全球市場，並與各大區域的市場負責人坐下來分享這一個行銷模式。由於該模式是建立在財務數據的基礎上，所以人們大都相信這些數字。不過，這個模式中當然也使用了預估的數字，這成為辯論的焦點。吉姆耐心聽取了所有的疑問，他沒有迴避問題，最終成功讓福特汽車的領導者們肯定了行銷的效果。

福特汽車某區域分公司的執行長告訴我們：「吉姆很熱情，也很認真。在離開會

行銷管理者的業務影響力和職涯成就的貢獻度

業務影響力	無論如何都要獲取收益（12%）
職涯成就	無論如何都要獲取收益（3%）
行銷管理者的領導行為對業務影響力和職涯成就的相對權重，占神經網絡模型中所有領導行為的百分比，樣本數量：1,232份。 在我們的研究中，「無論如何都要獲取收益」的行為和性格特質包括：以收益為導向（居於首要地位）、分析性思考和表現出強烈的原則性。	

資料來源：行銷人員DNA研究，巴塔和巴維斯，2016年（*The Marketer's DNA-study*, Barta and Barwise, 2016）

議室之前，他一定會回答完我們所有的疑問。」

福特汽車公司的眾多領導者們首次了解到行銷對銷售業績的驅動作用。最後，公司的領導者們一致同意投入資金創造品牌偏好，同時進行其他行銷活動。從此，福特公司開啟了強勁的復甦歷程，再次使福特成為眾多顧客的品牌首選。

如果你想動員高層領導者為重要的行銷活動提供資金，你就要確保行銷活動會產生收益，並且用數據資料證明這一點，兩者缺一不可。在我們問到關於投資收益的重要性時，化妝品公司露華濃（Revlon）的行銷長班傑明．卡舒（Benjamin Karsch）說：「作為一名行銷領導者，我必須承擔『證明行銷活動為公司創造了價值』的責任。」

班傑明的話裡有一個非常關鍵的詞：「舉證責任」。

在我們的核心研究中，獲取收益對行銷管理者的業務影響力是一個極大的驅動力（相對貢獻度為一二％），同時也對他們的職涯成就有所貢獻（相對貢獻度為三％）。

這個結果是有道理的。當你把錢花在吸引那些讓公司有利可圖的顧客上時，業務就會增長。而當你達到可觀的收益後，你就更有可能獲得更多資金，這一點反過來又能創造更多的營收和利潤。這是一個非常簡單的等式。

行銷管理者對獲取收益的重視程度參差不齊。在我們的研究中，只有三分之二（約六七％）的行銷管理者表示，他們非常重視投資收益。然而，大多數公司領導者都會說，這個比例顯得太高，因為在最近的一項研究中，超過五〇％的高層管理者認為，公司的行銷支出甚至沒有顯著提升營收，更別提提高利潤了。

換句話說，你的執行長可能不認為這錢花得值。說行銷人員沒有善用資金，這在某種程度上是不公平的。例如，行銷活動對營收的影響可能不容易衡量，特別是對長期的品牌建立來說。

但是，在表現出行銷工作如何提高營收和利潤上，很多行銷管理者還是有非常大的努力空間。包括衡量容易量化的行銷工作成果，以及解釋難以量化的行銷成果。如果站在最高階管理者的角度，你就會立即明白，為什麼你必須證明行銷工作能夠帶來收益。

總而言之，執行長關心的是策略（把公司帶往何處去）、組織（人員、技能等）、營收（當前和未來的總收入）和成本（決定帳面利潤的因素）。

如果老闆不認為你的工作和營業收入有相關性的話會怎樣？在這種情況下，你只是成本。英國彩券公司Camelot的執行長安迪・鄧肯（Andy Duncan）就說過：「行銷可以被視為一種成本，而非投資，一旦企業遭遇困境，行銷預算就會被削減」。

營收陣營

加入營收陣營。這是最成功的行銷領導者所做的事情，不僅公司領導者會這樣想，實際中也確實如此。提供營業收入和投資收益，不能只靠行銷活動來大做文章。

在接下來的內容裡，將分享加入營收陣營的可靠做法。我們透過例子說明，如何使你的工作更容易被他人理解，如何預估收益，如何選擇正確的行銷手段，以及如何像個投資者那樣行事。這些做法並非全都適用於你，你得找到最適合你的做法。以下就來詳細討論其中的部分做法。

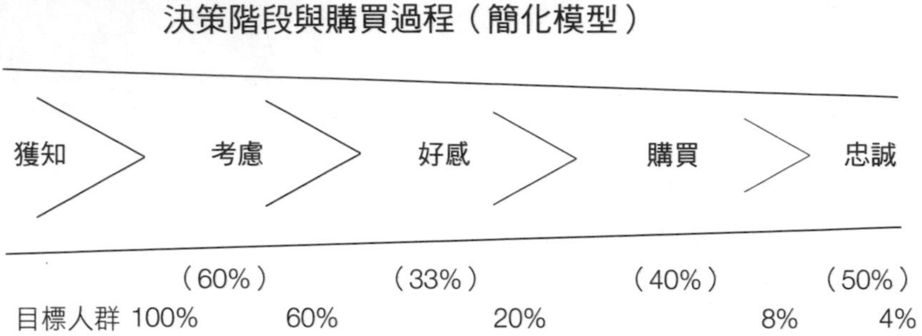

圖2-1　行銷漏斗

解釋行銷工作的意義

「幫助公司領導者了解『行銷人員在做什麼』是我們的分內事。」YouTube全球顧客行銷總監安娜・貝特森（Anna Bateson）這樣說。她的話再真實不過了。

行銷管理者常常假設所有人都了解行銷工作，但是那些人並不了解，至少了解得非常膚淺。這就是為什麼你要確保他人了解什麼是行銷，以及行銷工作如何推動公司業務的發展。

如同吉姆・法利一樣，很多行銷管理者都運用簡單的範本模式向公司解釋行銷工作的內涵和意義，並從中獲益匪淺。

在這裡最重要的是「簡單」二字。所有人都能理解的行銷模式，它的價值比沒人能理解的行銷模式高十倍（就傳達而言）。對於專精業務的行銷人來說，我們在這裡提出的簡化模式可能會讓你們覺得自己的工作都白做了。我們的建議是：想開一點。

行銷漏斗是一個簡單的行銷模式。運用這個工具後，你就可以說：「只有二〇%的人對我們的品牌有好感。我們需要提高品牌偏好，因為只要是喜歡我們品牌的人，就有四〇%的可能性會購買我們的產品或服務。」

從他人的角度來呈現「品牌偏好等行銷概念如何對銷售產生重大影響」，這麼做能幫助公司領導者理解你的工作，理解行銷對公司業務的推動。

英國招聘和人力資源管理諮詢公司瀚納仕（Hays）的行銷長索爾托・道格拉斯—霍姆（Sholto Douglas-Home），他運用包含了獲知、購買和忠誠的三段式行銷模式，成功提升了公司領導者對重大事項的認知。索爾托給所有行銷管理者的建議是：「要想讓高層管理者關心行銷工作，你就要使用清晰的商業語言。」

你要與行銷部門之外的同事（特別是財務和銷售人員）一起設計行銷模式，如此一來，你的模式才會可信且有效，並能在公司內得到普遍的支持。一旦在大家都同意的基礎上建立行銷模式，接下來就要廣泛地傳播它，不要迴避任何評論或質疑。

每當我們提出這樣的簡化模式時，行銷管理者們都會發出很多質疑（而財務長卻不會這樣做）：「這好像不太實際。」、「這完全不適用於數位化時代。」、「太簡單了。」我們選用的已經是最客氣的評論。我們明白你們的意思。客觀地說，這些分析過分簡化了現實，永遠都無法做到完美，但是所有人都能看得懂。

如果你能找到一個讓所有人都能理解的全面且準確的模式，當然是非常好。在這方面，你可以放手嘗試（同時請把這樣的模式介紹給我們），但是你的策略最好是簡單為上。當你發現，像這樣真正簡單的模式可以作為與其他部門討論的基礎、進而發揮巨大的作用時，你可能會感到非常驚訝。

福特汽車、瀚納仕、全球啤酒龍頭安海斯─布希英博集團（Anheuser-Busch InBev）等公司都使用簡化的行銷模式進行內部溝通，你也可以這樣做。

如果不能打敗對手，就加入他們

「親愛的詹姆士，抱歉，我無法聯繫到你。在過去兩個月裡，我們已經重新設定了廣告成本的基準。作為營業收入的一部分，我們公司的廣告支出幾乎是最大競爭對手的兩倍。這是不能接受的。所以我決定把今年的廣告預算減少三五％，明年再減少一〇％。我確信你能理解公司控制成本的需求。對我們來說，這是非常艱難的一年。」（姓名和背景資料均做過更改。）

在看了財務長的電子郵件時，行銷總監詹姆士感受到自己內心的憤怒：「鐵公雞！他都不事先跟我商量！」

詹姆士是美國一家運動品牌的行銷負責人，他回憶起自己與財務部門在預算上無休無止的爭辯。但凡哪個月銷售業績不理想，財務部門都會找他討論削減行銷預算的事情。對此詹姆士已經不堪其擾。

但是這一次，他有了一個想法：「如果你不能打敗他們，就加入他們。」第二天，詹姆士邁出自己職業生涯中最大膽的一步。他會見了財務長，建議與對方成立一個小組來評估所有行銷活動的有效性。開誠布公，絕不隱藏。財務長感到非常驚訝，猶豫了一會之後，他同意了。而這個專案最終改變了一切。

這個行銷和財務部門的聯合小組發現，大多數行銷活動確實創造了不錯的收益，而且有些方面還有繼續增加投入的空間（不過，一些能夠帶來高額利潤的行銷活動無法大幅增加投入，像是搜尋引擎優化），還有一些行銷活動帶來了有意義的學習，所以也是有成效的。

但其他一些活動，包括兩項高知名度的贊助，既帶不來收益也帶不來學習，於是小組決定完全砍掉它們。最後，小組成員一起制定新方法以更準確地評估行銷活動的效果。

詹姆士告訴我們：「起初，這個過程非常痛苦。」但是最終，開誠布公的做法讓行銷工作變得更加重要，更有影響力。一些被砍掉的預算也恢復了。更重要的是，公司裡的其他人終於明白行銷活動對利潤的貢獻度。

英國航空（British Airways）顧客服務部門負責人阿比蓋爾・庫伯（Abigail Coomber）表示：「行銷長要說清楚，花在行銷上的每一分錢都獲得了多少投資收益。同時要說明這其中的作用機制。」與許多優秀的行銷管理者一樣，阿比蓋爾也認為，開誠布公是最能證明行銷投入可以帶來投資收益的事情之一。

評估行銷收益的工具和書籍非常多[6]。這本書講的是行銷領導力，因此我們不會討論「評估」本身，但是很多行銷管理者都不知道該如何建立切實可行的收益評估系統（大多數執行長都抱怨這一點），所以以下分享一些來自我們客戶的做法：

一、**評估重要專案**。評估小型專案的收益可能會讓你得不償失。看看你的總體預算，找出關鍵的大型專案，先重點評估它們。

二、**邀請財務人員參加**。與財務團隊的專業人員一起確定評估收益的方式。你會發現，大多數財務專業人員都知道，不是所有的專案都可以或都應該評估。不過，邀請財務人員共同解決這一問題，還是會大大增加數據的可信度。

三、**運用80／20法則**。行銷評估並不是要算對每一分錢。品牌公關等行銷活動的效果很難衡量（或者依靠許多前提假設）。有些人使用複雜的評估工具，把短期和長期效應、以及品牌資產都列入資產負債表。另一些人則使用包含行銷支出和銷售額的簡易季度電子表格，效果也非常好。如果你不確定這麼做是否有效，可以諮詢專業機構或專業人員，看看他們如何為你建立行銷評估系統。先採取簡單的做法，然後再逐步擴展它的功能。

四、**經常展現你的收益評估**。你可能需要有些勇氣才能做到這一點，然而與高層管理者分享估測的行銷收益，是你建立領導者公信力的最佳途徑之一。至關重要的是，分享收益評估也包括分享失敗。

---

6 可以參考www.warc.com網站（此為英文網站），裡面有近萬個關於行銷活動效果的案例，可以按照產業、國家、地區、活動目標、媒介、預算和目標受眾等條件進行查詢。

根據我們的經驗，開誠布公的行銷領導者可以在行銷預算上獲得更多支持。

運用最有力的行銷手段

丹尼爾（姓名和背景訊息已更改）是一位行銷長，他遇到了一個問題：他的老闆不重視他。丹尼爾是一家大型消費電子企業的區域行銷負責人，他經常發現自己在老闆的議程表裡敬陪末座。像他這種情況並不少見。數以百萬計的行銷人員正在努力獲取關注，然而也許在公司看來，他們的工作並不重要。

行銷在企業中的影響力究竟在變大還是縮小？相反的證據同時存在，然而所有的行銷人員都希望答案是變大。德國曼海姆大學（Mannheim of University）最近的一項研究顯示，企業的高階管理者將定價、產品開發和策略評為企業最重要的事項。不幸的是，我們沒有看到行銷管理者在這當中發揮極大的作用。

我們的研究也發現類似的情形，只有三二％的高階行銷管理者表示自己能參與定價，五六％的高階行銷管理者能參與產品開發，三九％的高階行銷管理者能參與制定公司策略。他們更有可能從事溝通和交流（七七％），而在曼海姆大學研究中的高層管理者卻認為這項工作並不重要。這一點或許是不公平的（也是不正確的），但認知

表2-1　行銷管理者在做什麼（占回答者百分比）

日常工作	占比
溝通	77%
品牌開發	63%
產品開發	56%
促銷	55%
顧客維護	55%
企業策略	39%
銷售	38%
定價	32%

資料來源：行銷人員DNA研究，巴塔和巴維斯，2016年（*The Marketer's DNA-study*, Barta and Barwise, 2016）

即是現實。如果人們認為你的工作對於「價值區」不重要，你就不會受到重視。

托馬斯・巴塔（作者之一）回憶說：「在丹尼爾成為我的客戶之前，我問他：『你是做什麼的？』他回答說：『我維護我們的品牌，做品牌傳播。』」即使身為行銷負責人，丹尼爾的工作範圍遠離了與利潤關係最為密切的領域：定價、產品、分銷和策略。我在丹尼爾的公司訪談高層領導者的時候，許多人都把他描述為「小角色」，難怪老闆不重視他。

在六個月的諮詢過程中，丹尼爾採取以下三個步驟，確保自己已經開始動用最有力的行銷手段：

步驟一：找到最能促進公司業績成長的事項。如果你能幫助公司實現增長，你就會成為公司最核心的領導者。丹尼爾很快發現，分銷是公司的大瓶頸，競爭對手只是覆蓋了更多的店鋪而已。公司的另一個「大問題」是定價。公司幾乎每天都會調整價格，以便在嚴酷的市場環境中確保產品的銷售。然而這種做法有欠成熟，而且降價太多會立即危及公司的利潤。

步驟二：尋找突破口。找到最能促進公司業績成長的事項後，接下來就要選擇你最有能力改變的面向來作為突破口。在丹尼爾的案例裡，銷售負責人剛剛聘用了兩名定價專家，所以此時去處理定價問題並不是明智的選擇，分銷領域蘊藏著更大的機會。丹尼爾熟諳零售市場，而且已經有辦法在更多的通路店面銷售產品，所以分銷就成為下一步工作的突破口。

步驟三：大處著眼，小處著手。作為一名行銷管理者，當你進入一個新領域時，你的步伐不能邁太大。同時也要牢記目標：長期的優質增長。丹尼爾知道自己不能貿然處理公司的分銷，所以他做了很多功課。

首先，他收集公司的分銷資料，發現數據非常零散，沒有人對全局有完整的認識。經過一番努力，他的團隊發現公司的鋪貨率只有六八％。掌握了這些資訊，丹尼爾在公司的地位就變得更加重要了。他的團隊拓展了分銷的思路，甚至動用行銷預算來支持這個行動。某天，他自然而然地說出了自己的願景：「我們來讓鋪貨率突破八〇%。」銷售團隊最初感到非常尷尬，但是由於丹尼爾手裡有數據，所以只能表示贊同。就這樣，八〇%的鋪貨率成為公司的目標。當這一目標最終達成後，掌聲大多都送給了丹尼爾。丹尼爾花了好幾週時間進入公司的營收陣營。對他來說，不受重視已經成為歷史。

如果你解決的是公司最重要的問題，並且有助於拓展「價值區」，你作為行銷領導者的影響力就會上升。你可能需要分幾步驟來參與真正重要的核心事項，今天就邁出第一步如何？

問問你自己：你是否運用了正確的行銷手段來讓自己的工作產生更大影響力？

成為消費者剩餘的守護者

公司產品或服務的標價與顧客樂意支付的價錢之間，是否存在差距？這一差距就是消費者剩餘，即顧客從產品或服務中獲得的價值與他們花掉的金錢之間的差額。消費者剩餘越大，顧客的滿意度就越高（不過這意味著你可以提高價格）。要想幫公司賺錢，你就得充分了解消費者剩餘。以下有三點建議可以幫助你：

一、**找出顧客真正看重的價值**。諸如聯合分析（以顧客選擇產品的偏好來與價格相對比）等方法能幫助你達成這一目的，同時還有深度訪談或小規模市場測試等分析方法。

二、**掌握產品的各種配置、功能和益處的實際成本**。盡力去了解公司增加額外功能和配置的實際成本（包括間接成本）。同樣地，你也要盡力了解減少功能和配置能節省多少直接成本和間接成本。功能和配置可以大幅度減少，這也是一種非常有效的策略，一些知名的廉價航空和零售商就是這麼做。在高端市場中，單一的產品線（例如蘋果公司的產品線）因提供較少選項而讓顧客選擇起來更加方便。總之，這意味著你要與其他部門密切合作，包括營運部門、財務部門，很可能還有其他部門（銷售和服務部門、人力資源部門、IT部門）。

三、**討論消費者剩餘**。一些備受尊敬的行銷管理者，會定期在公司內部討論關於消費者剩餘的話題。一家工具製造商的行銷長告訴我們：「我一直在持續更新一張圖表，上面有我們的工具價格和成本、顧客打算付多少錢，以及他們實際會使用的功能。我用了一年多的時間做這項工作，現在所有人都跑來查看我的資料，而且所有人都想徵詢我的意見。」

像投資者一樣行事

「致波克夏・海瑟威（Berkshire Hathaway）的股東：伯克希爾公司在二〇一四年的淨資產收益為一八三億美元，這使得我們A股和B股的每股帳面價值增加了八・三%。在過去五十年裡（即現在的管理者接管公司到今天），公司的每股帳面價值從十九美元增加到十四萬六千一百八十六萬美元，年複合增長率為一九・四%。」

這是華倫・巴菲特（Warren Buffett）在波克夏・海瑟威公司年度報告中的頭兩句話。這無疑表明了巴菲特的股東們所看重的東西：收益。然而與此同時，你卻很難找到談到類似內容的行銷報告。

成功的行銷管理者會像投資者一樣行事——而別人也會看到這一點。他們把自己的預算看作投資資金，根據時機堅決地要求增加或減少預算。「他們將投資集中在最有可能與顧客建立良好關係的領域。」美國好時公司（Hershey）行銷長彼得・霍斯特（Peter Horst）如是說。在上級眼裡，這些行銷管理者屬於營收陣營。

我們的研究清楚地顯示：以投資者的心態行事和創造收益是你提升業務影響力的關鍵。以下是供你參考的一些策略。

減少行銷投入

真的要這麼做嗎？作為行銷管理者，公司為你提供資金，而你用這些資金創造收益是你的職責。如果你的分析顯示，行銷活動甚至無法覆蓋成本，那麼你就要削減行銷投入。你可以重新安排資源的使用，甚至把錢退回去。你這麼做會讓人肅然起敬！

滿地可銀行（BMO Harris Bank）的商業銀行業務行銷負責人倫貝托・德爾・雷亞爾（Remberto Del Real）告訴我們，他上任第一週就發現，他的部門有三十萬美元的高爾夫活動預算。他知道，這些活動是招待顧客的好機會，但是他問自己的團隊成員：「這個行銷支出能帶來高額收益嗎？」回答是「不能」。於是，他把這項預算讓給了銷售部門，因為後者能夠從中獲得更好的收益。倫貝托在一夜之間就強化了核心管理層對行銷工作的信任（同時和銷售部門建立了良好關係）。

增加行銷投入

像其他所有投資者一樣，你有時會發現能帶來高收益的機會。請記住，公司也希望找到有利可圖的投資機會。實際上，大多數公司都不缺少資金，但卻缺少極佳的投資機會（儘管糟糕的投資機會多得很）。如果你發現了很好的機會，而且能夠提出事實，充分論證，那麼任何一位優秀的財務長都會聽取你的建議，並努力幫你尋找你所需要的額外資金。一位財務長告訴我們：「行銷管理者有時候會死守在現有的預算上。」他想知道，如果有好的投資機會的話，為什麼他的行銷長從來不要求增加預算。

如果機會是對的，要求得到更多的預算就可以產生很大的績效。我們的一位行銷長客戶回憶說，她進入公司後，發現在冬季假期前向顧客推銷家庭保險的效果要好於平時的五〇％以上。這個時機似乎是正確的，但是她的前任行銷長已經花掉全年的預算。她準備好相關資料，召集了董事會議，結果不到二十五分鐘就得到了額外的預算。身為行銷領導者的你也是一名投資者，這有時意味著要增加投入——如果你能把事情說清楚的話。

花更少的錢做更多的事

在現任行銷長馬克・亞迪克斯（Mark Addicks）的推動下，美國食品巨擘通用磨坊（General Mills）花費很少的預算推出一種低熱量優格，這些預算主要用在社群媒體推廣上。其中一個項目是，他們透過「饑餓女孩」（Hungry Girl，一名體重管理的部落客），每天向她的一百多萬名粉絲發送電子郵件。這次低成本的行銷活動效果非凡，一舉開創出一條非常成功的新產品線。

很多著名品牌都推出了低成本的行銷活動，例如美士寵物食品（Nutro）的狗飼料、Glaceau礦泉水和ProActiv保養品等。

可喜的是，低成本預算能夠激發行銷人員的核心優勢：創造力。我們經常建議行銷管理者削減一些活動預算或團隊內部的某些預算，以此來激發創意。你會為低成本預算所獲得的效果感到驚訝。

集中火力

行銷管理者經常在太多的事情上分攤預算和精力，特別是數位化行銷時代帶來了大量的新選擇。要想在水裡激起最大的水花，你要做的是朝水裡扔一塊大石頭，而不是往水裡扔大量的小石塊。

約翰・伯納德（John Bernard）告訴我們：「作為LG手機（LG Mobile）的行銷總監，我最大膽的舉動是將全部預算的八〇%放在了一款新產品的行銷上，那是一款名為巧克力的手機。當時，行銷團隊內部爭論得臉紅脖子粗，其他團隊成員自然不想減少其他產品的預算。」

最後，伯納德贏得了辯論，巧克力機也成為公司最成功的產品之一。這一結果顯示，整個行銷團隊已經不再各自為戰，他們工作起來就像是公司真正的投資者。

巨大的收益需要專注。要想產生足夠的影響力，你就要集中火力，把少數的幾件事做大。查看你所有的行銷活動：它們真的在掀起波瀾嗎？如果提供贊助，你的品牌是否是曝光度最高的那一個？如果你做電視廣告，你的品牌是否得到了人們的關注？如果參加展覽會，你的品牌有沒有脫穎而出？

只要情況允許，就盡可能去扔一塊大石頭！

到此為止，我們已經向你說明，想要動員上司來支持你的行銷優先事項，你就必須解決「價值區」內的「大問題」，同時你還要取得收益——在任何情況下都是如此。

接下來，我們來看有助於你動員上司的另一個方法，就是第三法則：和最優秀的人合作。

你必須回答的關鍵問題

取得收益是你在業務影響力的一大支柱，它對你的職涯發展也很重要。

◎你有沒有對同事說明行銷工作對公司的作用？他們能指望行銷做什麼？不指望行銷做什麼？

◎你如何開誠布公地讓同事和公司理解你創造了多少收益？

◎你是否正在運用最有力的行銷手段？與營收有密切關係的事情上，你如何增強影響力？

◎公司的消費者剩餘是否適當？你有沒有優先考慮能為大多數顧客創造最多價值的事情（與做這些事的成本相比）？

◎在你目前的預算水準下，你面臨的投資機會是否能帶來高收益？還是你應該主動減少預算？

◎是否有高收益的機會，能幫助你獲得更高的預算？你有沒有主動尋找過這樣的機會？

◎你能找到更明顯有效的方式來運用你的預算嗎（甚至可以透過削減預算來激發創意）？

◎你關注的是少數影響力很大的行銷活動，還是很多影響力很小的行銷活動？

你可以在以下網址下載這些問題：www.marketingleader.org/download（英文網站）

法則3：和優秀的人合作

最優秀的合作者在哪裡？

史蒂夫・賈伯斯的領導方式對很多行銷管理者來說，是他們被公司趕出大門的最快速途徑。賈伯斯改變了產業，改變了許多人上班、聽音樂和溝通的方式，然而他在別人眼裡卻是一個傲慢、恃強凌弱和暴躁易怒的人。我們的研究顯示，在二十一世紀的組織裡，這些性格特徵絕不會讓行銷管理者有好結果。

不過賈伯斯有些事情做得非常出色，其中一件就是：他不遺餘力地尋找業界最優秀的人，並與他們一起工作，無論他們在哪裡。我們先從傑出的電腦工程師、蘋果聯合創始人史蒂夫・沃茲尼克（Steve Wozniak）說起。

一九八二年，賈伯斯飛赴日本，為了確認SONY能為他的突破性產品Apple Lisa電腦提供先進的零件。三年後，為了他的NeXT公司標誌，他支付了高達十萬美元的酬勞給頂級設計師保羅．蘭德（Paul Rand）。

即使對方遠在天邊，都要和最優秀的人打交道，並非只有賈伯斯會這麼做。丹麥有一家小型諮詢公司RED，業界一般認為，是這家公司造就了德國體育用品製造商愛迪達的成功。

在麥肯錫，專案團隊通常由來自世界各地的專家組成。幫助芝加哥的客戶解決策略問題的專家，可能在南非約翰尼斯堡辦公。麥肯錫已經移除了阻礙全球徵才的所有障礙，在麥肯錫等頂級跨國企業裡，一個人住在什麼地方是最無關緊要的事。

和最優秀的人合作能改變工作的結果，但要做到這一點，可能你需要非常有勇氣。我們來看孟惠的經歷（姓名和背景資料已更改），她是亞洲一家飲料公司的行銷總監。

孟惠和她的團隊不滿意目前的行銷活動成果，於是他們開始在全球尋找最出色的行銷代理商。他們找了一家巴西公司，孟惠看過好幾個創意最獨特、效果最顯著的行銷活動，背後就是由這家公司操刀的。

行銷管理者的業務影響力和職涯成就的貢獻度

業務影響力	和最優秀的人合作（1%）
職涯成就	和最優秀的人合作（2%）

行銷管理者的領導行為對業務影響力和職涯成就的相對權重，占神經網絡模型中所有領導行為的百分比，樣本數量：1,232份。

在我們的研究中，「和最優秀的人合作」的描述是：「在不受對方地理位置的影響下，挑選最優秀的外部合作夥伴。」

資料來源：行銷人員DNA研究，巴塔和巴維斯，2016年（*The Marketer's DNA-study*, Barta and Barwise, 2016）

孟惠去巴西拜訪這家公司的老闆，雙方一拍即合。對方對亞洲市場的見解非常有說服力（雖然亞洲市場的顧客購買力和消費方式與巴西完全不同），於是她決定與對方展開合作。公司目前的行銷代理商對孟惠的決定感到非常憤怒。某天晚上，這家代理商的老闆打電話給孟惠，威脅說要和區域經理會談，如果孟惠終止與他們的合作關係，她就會被解僱。

孟惠的區域經理和這家代理商的老闆是老朋友，但孟惠主意已定，她沒有等待，主動去見了區域經理，用事實證明為何新的代理商對公司的發展更有利。

這名區域經理感到騎虎難下，因為這家代理商的老闆的確是他的老朋友。然而，孟惠的決心和論證都給他留下非常深刻的印象，他最終同意支持她的決定。巴西的行銷代理商幫公司成功進入了兩個新市場。在競爭異常激烈的市場裡，孟惠主營品牌的市場占有率在兩年間提升了五％，當中的大部分功勞都要歸於行銷活動的助力。

她回憶說：「選擇優秀的陌生人為你工作可能要冒風險，但我將來還會繼續這樣做。」

與最優秀的外部合作夥伴一起工作，好處顯而易見，但是能做到這一點的行銷管理者仍然十分少。你要去尋找最優秀的人——無論他們身在何處。仔細看過我們的研究資料後，你可能會認為，和最優秀的人合作並不是多大的力量。

從表面上看，你說的是對的。與獲取收益相比，和最優秀的人合作就不是那麼重要，但是不要忘記，在這本書中只呈現統計上對成功有顯著影響的力量，我們測試的眾多領導力相關技能甚至無法寫進這本書裡。

就愛迪達（與RED合作）和許多其他公司而言，與最優秀的人合作確實促成他們的業績有所突破。換句話說，如果你找到正確的合作夥伴，結果可能非同一般。

只有六二％的行銷領導者要求與最優秀的人合作。很多人更加偏愛當地或自己熟識的合作夥伴。有時我們會聽到這樣的論點：「我們沒那麼多錢去和最優秀的人合作。」而且由於採購部門在公司裡的地位越來越重要，所以公司就越來越注意成本而不是價值。如果這就是你的情況，你就要再仔細想想。設計師吉爾・桑德（Jil Sander）曾說：「人們會忘記價格，但他們永遠不會忘記品質。」

與最優秀的人合作不單單是一個預算問題，還是一個關乎收益的問題。在競爭激烈的全球市場中，你應該盡可能與最優秀的人一起工作，如果你做到了，你就會獲得很好的財務收益。反過來，你在公司的地位也會更加穩固（人們會忘記價格）。

不過有一點非常重要：最優秀的不必然是最昂貴的。事實上，一些小公司裡也有非常出色的人才。你要尋找的不是價格，是出類拔萃的人才。

有一句俗話說：「如果你想成名，就跟名人站在一起。」我們承認，與頂尖的知名人士合作或許有助於增加你作為領導者的影響力，但這不應該是你選擇如此做的主要動機。唯一重要的是，你要和那些最能幫助公司提升業績的人合作。

最能滿足你需求的人，很可能是在不同的城市，像是德國科隆、美國邁阿密或韓國首爾。以下提供一些如何找到最優秀的人的建議。

尋找成功

各行各業都有相關的部落格、社團和報章雜誌等社群媒體，上面刊載了最成功的活動、最好的產品和最先進的理念。找一些來自不同國家的社群媒體，並與團隊仔細研究（但是要注意的是，有些文章是軟性廣告，它們是不值得你花費精力的）。

在你的產業裡，全世界最成功的行銷活動有哪些？這些成功背後的外部合作夥伴都是誰？

參加大型會議——不要只待在你的圈圈裡

為了獲得新客戶，很多公司和專家經常參加產業會議。儘管一些行銷管理者很可能不喜歡參加這樣的會議，但你確實會經常遇到有趣的人和獨到的想法。

參加這樣的會議時，你的心態要開放（這就是愛迪達遇到RED的原因）。可能的話也去參與國外的會議，這能開拓你的眼界，激發新的創意，同時增加思考的深度。

經常與潛在合作夥伴交談

忠誠於現有的合作夥伴或代理商很重要。你要建立緊密的合作關係，形成默契和相互的理解。但是，為了與時俱進，每年結識一些新朋友也沒什麼壞處。你要清楚地告訴他們，你現在可能還不想換掉目前的合作夥伴，如果你向他們尋求建議就會付費，以此來表示尊重。如果這樣做的話，這位新的合作夥伴很可能會無比認真地對待你，盼望將來能獲取你的業務。

與最優秀的人合作不像火箭科學那樣高深，和他們共事會幫你創造更高的投資收益，你有沒有把這件事列入你的議程上呢？

你必須回答的關鍵問題

與最優秀的人合作能幫助你獲取高收益、拓展「價值區」，進而動員你的老闆。

◎在你的產業裡，哪些外部合作夥伴協助創造了最成功的行銷案例（包括活動和產品）？你有和他們保持聯繫嗎？

◎你有沒有在產業會議或其他地方遇到很多有趣的潛在合作夥伴？

◎你都如何與新的潛在合作夥伴互動，以此衡量目前外部合作夥伴的績效？

你可以在以下網址下載這些問題：www.marketingleader.org/download（英文網站）

處理「大問題」、無論如何都要獲取收益、與最優秀的人合作，這些做法將幫助你動員你的老闆，影響公司對待顧客的方式，同時確保自己能取得迫切需要的資源來幫助公司成長。

在下一章，我們要討論如何策動你的同事。正如你即將看到的，策動你的同事意味著開挖一座不同的金礦。

第二部

策動你的同事

領導者必須鼓勵他們的下屬跟著尚未聽到的音樂舞蹈。

——華倫．班尼斯（Warren Bennis），領導學之父

法則4：切中人心

我如何讓同事心悅誠服？

儘管行銷團隊在創造用戶體驗方面有重要的作用，但這只是問題的一部分。幾乎在所有的企業裡，主導用戶體驗的人並不在行銷部門工作。為了改善用戶體驗，達到長期的優質成長，拓展「價值區」，你需要策動其他部門的同事。但是，你要如何做到這一點呢？

問題在於，其他部門的同事並不直接向你彙報，而且他們人員眾多，每個人都有不同的工作。要想拓展「價值區」，你就必須在顧客需求和同事需求之間找到盡可能多的交集。

德國漢莎航空的行銷長亞歷山大・施洛畢茨（Alexander Schlaubitz）總結說：「這個世界從未像今天這樣能讓行銷管理者在所有的接觸點上塑造用戶體驗。這和技術關係不大，而是對行銷管理者的領導力提出了挑戰。行銷管理者不僅要了解顧客需求，同時還要動員組織中的其他人來為顧客、為公司創造真正的價值。」

由於你不能命令同事做事情，所以你必須找到其他方式來動員他們。首先，你要分享一幅激勵人心的願景，而最佳的途徑之一是「講故事」。多年來，我們一直對客戶和學生強調「講故事」在企業管理中的重要性。

在我們的核心研究中，講故事真的重要嗎？答案是重要，而且非常重要。講故事確實能幫助行銷管理者取得商業上的成功（三％），不過講故事對行銷管理者的職涯成就影響更大（七％），這是我們訪談過很多行銷長後的結論。擁有激動人心的願景對公司的經營非常有利，這能清晰呈現出企業的目標，同時會是你的一大優勢。

福特汽車前任行銷長吉姆・法利甚至說：「講故事是你作為行銷領導者最重要的技能。」

要想有效運用「故事」，你不一定要成為像福特這種財星五百大企業的行銷超級英雄。事實上，很多善於講故事的行銷領導者，他們都在媒體較少報導的中型公司工作。

我們來看傑米的案例。傑米是一名行銷經理，他的用戶體驗願景幫助他拯救了一家不景氣的門把企業。你可能會覺得，門把不是一個吸引人的市場。

時間是在九十年代初期。製造門把是一門既難做又很難賺錢的生意。在顧客眼裡，門把只是普通商品。

在門把產品的領域中，傑米的公司是美國歷史最悠久的製造商之一。然而，價格較低的亞洲產品正在快速侵蝕這個平靜已久的市場。公司的創立者仍然掌管著公司的經營，長期以來，他一直對低成本的競爭抱持摒棄態度。「我們靠品質取勝！」這是他們的信條。

不幸的是，他們越來越多的客戶——通常是建築公司，發現價格較低的替代品已經「足夠好」，於是公司的損失不斷擴大。第一輪的成本削減和裁員，讓

行銷管理者的業務影響力和職涯成就的貢獻度

業務影響力	分享激勵人心的願景（3%）
職涯成就	分享激勵人心的願景（7%）

行銷管理者的領導行為對業務影響力和職涯成就的相對權重，占神經網絡模型中所有領導行為的百分比，樣本數量：1,232份。

在我們的研究中，「分享激勵人心的願景」指的是講述激勵人心的願景故事。

資料來源：行銷人員DNA研究，巴塔和巴維斯，2016年（*The Marketer's DNA-study*, Barta and Barwise, 2016）

公司的老員工難以忘懷。

一家擅長重組業務的諮詢公司將傑米推薦給這間門把公司，希望藉此幫助公司扭轉困局。在上任的第一個星期，他與員工、顧客和專家進行了大量的溝通交流。令他印象深刻的是，公司員工對門把充滿熱情。一位工人告訴他：「在你進入一棟房子時，碰到的第一件物品就是門把。」另一位工人說：「我可以從你家用什麼門把猜到你的性格。這和看別人穿什麼鞋是一個道理。」

顧客不怎麼關心門把，所以他很難訪談到什麼人，而且所有的訪談時間都很短。一位顧客說：「反正，它不過就是一個門把。」

傑米繼續尋找原因，他相信答案一定存在。他查看下一年的門把製作計畫，發現門把的品質會更高，用的材料會更好，這不是壞事。然而不幸的是，拿來與目前的型號相比，顧客根本看不出其中的差別。所以光有品質還不夠。

有一天，他終於想到一個解決方案。當時他拿了很多小冊子到公司餐廳翻閱。

「累了吧，年輕人？」一名年長的收銀員問他。

「是的，」傑米回答說：「可我還是要把這些全看完。」

「一定很無聊，」收銀員說，「那些門把手看起來都一樣。」

「它們確實看起來都一樣，」傑米說：「問題就出在這裡！」

公司從來沒有在門把的設計上花費心思。傑米帶領他的團隊，與藝術家以及設計師合作開發新式且與眾不同的門把。顧客對其中大約二十款的設計回響非常熱烈。帶有設計感的門把不僅甩掉了滯銷的命運，而且還為公司帶來高額利潤。

即使是對行銷持懷疑態度的財務長也非常喜歡這個方案，並對推出的新產品表示支持，不過他也警告傑米：「這裡的老傢伙和其他很多人並不喜歡這麼做——他們只看重品質，別的都不在乎。」

財務長的話讓傑米停了下來。如果這麼做沒有錯，事實也明白無誤，但高階管理者就是不願意這麼做的話，該怎麼辦？有朋友建議傑米寫一個故事，一個關於品牌且激動人心的願景，它既能呈現事實，也能抓住人們的心，讓他們有機會成為這個願景中的一分子。

以下是傑米的故事梗概：「我們的門把是人們回到家時碰到的第一個東西，也是他們離開家時碰到的最後一個東西。幾十年來，我們的產品已經被數百萬人使用。今天，讓我們再次成為顧客的第一選擇。我們不能在價格上競爭，但是顧客告訴了我們如何取勝，就是讓品質成為我們的標誌，讓獨特的設計成為我們的新亮點。一旦我們這麼做，顧客就會說：『我想要的門把就是這樣子的——握起來很舒服，看上去美極了。』價格將會是次要的考量。讓我們一起書寫歷史。我需要你們的想法來再次製造出最好、最吸引人的產品。讓我們的門把重新成為人們的首選。」

傑米的故事奏效了。「讓我們的門把重新成為人們的首選」，成為一句響徹公司的口號。全公司的員工開始認同他的願景。他描繪的光明未來甚至說服了老闆走設計路線。

新設計的產品獲得極大成功。不到兩年，本來舉步維艱的公司徹底扭轉了頹勢。公司還舉辦設計師大賽，而且售出數款限量版的豪華門把。由於傑米講述了關鍵的品牌故事，帶有設計感的門把已成為產業標準，眾多競爭者爭相仿效。如果沒有傑米和令人信服的故事，後面的所有事情很可能都不會發生。

在大多數公司裡，最高決策者的決定並不意味著一定會實際達成。例如一項新的服務，要求服務團隊、銷售團隊和營運團隊的員工共同努力，可是有些人卻會對此持懷疑態度，甚至會有人想抵制新做法，即便最高階管理層想要這麼做。

作為一名行銷管理者，如果你的同事不願聽你講話，你就證明不了任何事，但是你可以跟他們講故事——一個能夠進入他們頭腦和心靈的故事。這種深入人心的故事能策動他們採取行動。

人們希望領導者能夠給予他們希望、自豪感和美妙的設想。你正在處理一個「大問題」來拓展「價值區」，你需要同事與你戮力同心，那麼你可以用故事來策動他們。為了提供顧客更好的服務，你要找一個故事來幫助你動員同事。以下是關於如何找到這類故事的一些提示：

心靈、頭腦與方法

如何寫出一則激動人心的好故事呢？答案是：你要在故事裡注入三大元素——心靈、頭腦和方法。

◎心靈：一幅鼓舞人心的願景。正如拿破崙所說：「領導就是售賣希望的人。」最好的故事能描繪出既美麗又可能實現的未來圖景。

確保你的故事有一個能激發共鳴的偉大願望。在上面那則關於門把的案例裡，這個願望就是「重新成為人們的首選」，就是「書寫歷史」，就是人們回家和出門時接觸產品的生動圖景。類似這樣的故事能讓人們腦中浮現畫面。

但要小心的是，如果故事太過離譜，人們可能很快就會對你的想法嗤之以鼻。要想動員他人，你的願景不只在激勵人心，它還要可以達成。

◎頭腦：可信的證據。人們也許不會同意你的觀點，但是沒有人會真心反對你的顧客資料（最多是暫時不認可）。

記住，總會有人反對，為了對付他們，你必須有可靠、最好是來自顧客的證據，以此表明你的願景是可以實現的。傑米使用了顧客在測試產品後的反應來支持他的觀點：「我想要的門把就是這個樣子。」

◎方法：你的同事該怎麼做？假設你在聽一位領導者講述他的願景，很快你就會想：「這跟我的工作有什麼關係？你要讓我做什麼？」因此你要確保自己講的故事能回答這樣的問題。

傑米向團隊提出贏得勝利的方法（結合品質與設計），並以這樣的話語來鼓舞他們採取行動：「我需要你們的想法來再次製造出最好、最吸引人的產品。」

我這裡還有一個吸引人注意的案例。在倫敦一家名叫Gitane的小餐廳吃完飯後，你會收到一張帳單，上面寫著：「愛他們，就為了他們做的美食。」鼓舞人心的故事也可以寫得如此簡短。

盡可能使用顧客的語言

作為行銷管理者，你在公司裡是代表顧客的聲音，因此要確保自己像顧客那樣說話。

不要說：「這個電視廣告不符合我們的品牌準則。」而是要說：「作為一名顧客，我會感到困惑，因為這個電視廣告看起來不像我們以前的廣告。」

不要說：「我們的產品庫存量太多，分得太細。」而要說：「作為一名顧客，想找到我要的東西太花時間。」

甚至不要說：「我們需要更清楚地標示出我們的服務收費。」而要說：「作為一名顧客，我討厭包含隱性消費的帳單。」

你應該明白了吧。你可能會驚訝地發現，使用顧客的語言講話其實非常容易，而且這樣說的時候，你渾身上下會充滿感染力。

你必須回答的關鍵問題

要想策動你的同事，首先要準備一則鼓舞人心的顧客故事，這樣的故事能對你的業務影響力和職涯成就產生巨大推動力。

◎你的激動人心的顧客故事是什麼樣子？它要能直擊同事們的心靈和想法，同時還能幫助他們理解自己該如何提供支援以拓展「價值區」。

◎在公司內部交流時，你是否使用顧客語言？你發出的是顧客真實的聲音嗎？

你可以在以下網址下載這些問題：www.marketingleader.org/download（英文網站）

法則5：走出你的辦公室

我如何策動大家？

策動同事來拓展「價值區」不是一勞永逸的事情，你要持續不斷地這樣做。你不可能只寄出一封鼓舞人心的電子郵件就認為萬事大吉了，不是這樣的。為了策動員工，你必須走出辦公室，分享你的想法，傾聽大家的質疑，然後一起尋找解決方案。你要在每一週、每個月、每一年裡都這樣做。

我們來看看，有些行銷管理者是如何來動員他們的同事。就從新聞集團（News Corp）的澳洲行銷總監艾德．史密斯（Ed Smith）說起。

二〇一〇年初，艾德不得不面對一個重要的問題。公司擁有全球約二百家報紙，如《華爾街日報》（*The Wall Street Journal*）、《紐約郵報》（*The New York Post*）、《泰晤士報》（*The Times*）和《澳洲國家日報》（*The Australian*）。

所有這些標誌性的名字都面臨到同一個嚴峻的形勢：廣告和訂閱收入快速下滑。因為讀者和廣告商正在轉向免費的數位新聞。記者採訪撰寫報導成本高昂，所以收入的下降就對報紙的生存構成威脅。但是這只是問題的一小部分。新聞集團是一個高度分散的企業，編輯和不同分公司的執行長擁有非常大的自主權，所以集團並沒有公布任何措施來提高收入，每家報紙只能自己去想方設法保持盈利。

管理層認為，公司為了生存，必須開始讓顧客為線上內容付費。艾德的工作就是在澳洲市場（新聞集團的核心市場）引入付費內容，以此來阻止虧損或恢復營收，同時繼續投入製作高品質的新聞內容。

艾德回憶說：「最初的阻力十分強大。各個執行長都感到非常緊張，他們害怕『付費』這堵牆會把讀者擋在外面。記者也擔心，稿件的品質將由『多少讀者付錢』來衡量，而不是稿件本身的好壞。我們必須先制定一個共同的目標。」

艾德與主要決策者舉行了一連串的會議。每次開會時，他都會先討論公司的使命。眾人一致認同，作為一家新聞機構，他們重視那些「監督企業、政治家和公眾人物為自身行為負責」的新聞報導。高品質的新聞報導是民主社會的基石，公司必須想方設法繼續在這方面投入資金。他們的對談就這樣一次次地進行著。

後來，艾德聽取了領導者們的意見和想法。在這些訊息的基礎上，以及在資深記者和其他專家的支持下，他推動開發「內容付費」模式。

不過，他沒有就此鬆懈下來、宣布勝利，而是再次做足準備，回過頭去與各位領導者進行更多會談，解釋他們的想法會以何種形式被納入最終模式，如果沒有納入又是因為什麼原因。

從一開始的懷疑和不信任，到付費數位業務計畫的順利進行，再到付諸實施，最後公司獲得巨大成功。特別是《澳洲國家日報》——新聞集團在澳洲的優質商業出版物，甚至成了整個集團和業界的榜樣。

「關鍵是要跟每一個人見面，」另一家集團的行銷長說，「不是透過打電話，也不是透過發送電子郵件。要想激勵他人，你必須跟他們坐下來，聊聊你對未來的設想，聽聽他們遇到的問題，然後鼓勵他們出謀劃策，得到解決方案。」

行銷管理者在公司擁有全部發言權的那一天永遠都不會到來，所以你的工作就必然會有一部分是要去動員行銷部門之外的同事，好讓最佳的行銷策略（顯著拓展「價

行銷管理者的業務影響力和職涯成就的貢獻度

業務影響力	走出你的辦公室（13%）
職涯成就	走出你的辦公室（13%）

行銷管理者的領導行為對業務影響力和職涯成就的相對權重，占神經網絡模型中所有領導行為的百分比，樣本數量：1,232份。

在我們的研究中，「走出你的辦公室」主要指管理者激勵他人行動和以身作則的行為。其他相關的行為和個性特徵如外向、開放性、了解自己對他人的影響以及情緒穩定性等，只顯示了非常微小的影響。

資料來源：行銷人員DNA研究，巴塔和巴維斯，2016年（*The Marketer's DNA-study*, Barta and Barwise, 2016）

值區」的策略）得到支持和執行。要達到這個目的，你就必須走出自己的辦公室，去和那些會影響（直接地或間接地）用戶體驗的所有團隊領導者交談，而這一定是很多人，特別是在規模較大的公司。「我如何開始行動呢？」嗯，你為什麼不下週一就開始這樣做？

在我們的核心研究中，「走出你的辦公室」是對行銷管理者業務影響力（貢獻度為一三%）和職涯成就（同樣一三%）最深刻的因素之一。儘管這一點非常重要，但很少有行銷管理者真正做到。而只有五二%認為他們有效動員同事，或者主動樹立了良好的榜樣。

在我們全面的數據資料庫中發現了另一個問題：只有五九%的上司表示，他們的行銷管理者擅長動員他人，而且只有五六%的上司認為，他們的行銷管理者努力以身作則。這兩個數字都低於上司對其他部門管理者的評分，不過差異並不大。

行銷管理者的直接下屬如何看待這一點呢？這些直接下屬中有六一%認為他們的管理者擅長動員他人（這比行銷管理者的上司們認為的好一些）。但是在樹立榜樣方面，只有四九%的行銷團隊成員認為，他們的管理者做得不錯（這數據又一次低於其他部門管理者的平均水準）。

總結一下：走出辦公室去動員同事，這是行銷管理者最大的成功驅動力之一。行銷人員認為，他們不擅長策動他人，他們的上司和直接下屬也是如此想的。

因此，現在有任務了。不過請相信我們，走出辦公室去動員同事並不困難，只是你的努力要持之以恆。

首先，你必須明白，你作為行銷人的核心職責是動員同事。其次，你必須準備一則深入人心的故事，並且將它與深思熟慮的行銷策略做連結。第三，你必須投入時間和精力。

作為一名行銷管理者，你是動員顧客的專家。你要利用這一特長來動員同事！以下是動員同事的一些技巧：

持續且反覆分享你的顧客故事

正如在前一章討論的內容，準備一則有感染力的故事是非常重要的，但是你的故事不能只講一遍。為了確保人們明白你的意思，你必須持續地反覆分享你的故事。

你會驚訝地發現，不少行銷管理者很難講出前後一致的故事。如果訊息總是變來變去，結果就會產生很多問題。

在所有的行為、技能和人格特質中，我們的高階行銷管理者們在「開放性和創造力」方面對自己的評價最高。開放性和創造力是非常有價值的人格特質，它們能幫你開拓創新，解決疑難問題。

但是開放性和創造力的缺點是：它們可能會讓你講話沒有重點。一些執行長，還有一些行銷管理者的同事告訴我們，他們非常希望行銷部門的同事講話能夠更加精練。就像品牌傳播一樣，你要做的關鍵就是提供深入人心、前後一致的精要訊息給同事。

一旦你找到了「價值區」內的「大問題」，這時就要準備你的內部顧客故事（也就是你要和同事分享的願景）。然後，你就要持續重複講述這個故事，一遍接著一遍。

為了更確切說明我們的意思，來談談Sony Ericsson的前任行銷長史蒂夫．沃克（Steve Walker）。二十一世紀初（在智慧型手機流行之前），Sony Ericsson的手機業務正陷入停滯，有太多的競爭對手都在銷售類似的產品。

然而，時任產品行銷負責人的史蒂夫和主要合作夥伴、產品開發負責人坂口理子（Rikko Sakaguchi）有一個想法：為什麼不把Sony的標誌性產品隨身聽和手機結合在一起呢？本質上，他們是在即將推出的手機上添加音樂播放軟體，同時借助家喻戶曉的隨身聽（Walkman）品牌，將這款手機的音樂功能傳達給顧客。

史蒂夫和坂口理子向同事們分享了這個願景，但是在溝通上很困難。史蒂夫說：「所有人都告訴我們：『太難、太複雜、太貴。』」開發和法律方面的問題多如牛毛，無法解決，這就是當時他們得到的回應。

史蒂夫沒有選擇放棄。「一年多來，我們抓住每一次機會對人們展現我們的夢想，」史蒂夫說，「以及產品和品牌將會是什麼樣子。」憑藉著堅持不懈的努力，他們逐漸消除了眾人的懷疑。二〇〇五年，Sony Ericsson W800隨身聽手機上市後立即大獲成功。在高峰時刻，這款手機在Sony Ericsson的全世界銷量中貢獻了二五％以上的銷售額。

這故事讓我們知道：走出你的辦公室，讓你的願景保持一致，不要放棄。引爆點可能就在拐角處。

聆聽，決策與溝通

在通常情況下，你發起的行銷計畫不會獲得公司裡所有人的完全認同。你如何策動同事來引發深刻的改變？哪怕這一改變並不受歡迎？此時，要使用祕密武器：「聆聽，決策和溝通」。我們將分別討論每一個步驟。

聆聽

首先，找到可能會受變化影響的關鍵人物，簡要總結行銷活動的整體目標（不是計畫的具體細節）。然後，靜靜聆聽對方的意見。傾聽不僅僅是要聽得一字不漏，你還要理解對方的意思。長期擔任通用磨坊行銷長的馬克．亞迪克斯對此的建議是：「謙虛，做一個善於傾聽的人。這裡的『聽』實際上說的是『觀察』。一位同事說：『注意對方。注意他們的身體語言。注意他們的專注程度。』」

傾聽的時候，你要特別要了解以下四件事：

一、事實（對方對事實的理解是什麼？）
二、感覺（對方對這件事的感覺如何？）
三、看法（對方認為怎樣做是好的？）
四、預想（對方認為實際會出現什麼樣的結果？）

為了將來不至於忘掉你了解到的重點事項，一定要做筆記。結束談話時，把你聽到的內容重述一遍，告訴對方你下一步打算做什麼，何時會再來討教。

決策

一旦你了解了所有的情況和看法，你就要決定如何行動。在一些組織中，這就代表你要召集所有「需要做出正式決策」的領導者，就像新聞集團的行銷長艾德做的那樣。無論採取什麼方式，最終要形成決策。

溝通

再次拜訪先前拜訪過的所有人，把已經做出的決定告訴他們。讓他們知道：你已經盡己所能來解決他們的問題。如果你沒有選擇他們偏愛的方案，就要解釋清楚為什麼沒有那樣做。關鍵在於，你要讓他們知道，他們的意見得到了認真的傾聽和考慮。會談結束時，你要感謝他們做出的貢獻，並在執行決策時尋求他們的支持。

來看看英國電信公司（BT）行銷總監大衛．詹姆士（David James）如何透過「聆聽，決策和溝通」獲得極大成功。

每當大衛確信某個想法是正確的時候，他總是會沒完沒了地去說服他人贊同自己的想法。有一天，他甚至當著整個管理團隊的面，與其他部門一位同級別的同事發生爭吵。大衛雖然贏得了這次爭吵，但結果卻非常嚴重——公司對市場行銷活動的支持減少了，別的部門也來找麻煩。用他自己的話來說，這是一個「就算你說對了也無濟於事」的經典例子。

隨著時間的推移，大衛逐漸了解到，更常傾聽他人的想法，考慮他們關心的事情，與他人建立合作關係，這些才能讓他獲得更好的結果。驗證這一點的絕佳時刻來了。二〇一三年，英國電信推出一個新的電視頻道：英國電信體育（BT Sport），它擁有英超聯賽和歐冠聯賽的賽事版權。

高層預計該頻道將在英超聯賽開始前的八月分進行主要的市場推廣，但大衛和他的團隊有不同的想法。為了領先競爭對手，他們想改變這個時間點，在五月分就展開大規模推廣。

毫無疑問，這項大膽的提議受到高層的質疑。此時，行銷團隊決定走出辦公室。他們與同事一個接一個地見面，一遍又一遍地講述他們的願景，提出具支持性的數據，同時聽取回饋調整他們的方案。

行銷團隊讓所有人參與方案的設計，而非把自己的想法「推銷」出去。他們贏得了一個又一個關鍵決策者的支持。最終方案得到批准，英國電信體育的大規模行銷活動讓競爭對手措手不及，當他們做出反應時，英國電信體育已經勢不可擋，僅僅一年時間就簽下五百多萬名用戶。

大衛表示，這次能在公司裡獲得廣泛支持的關鍵是：「我們不是告訴人們該做什麼，而是提出一個想法，讓大家一起來豐富這個想法，最後分享成功。」

在策動同事方面，「聆聽，決策和溝通」是最有效的做法之一。

讓工作跨職能

我們每個人都想成為英雄，但有時候，成為英雄的最佳途徑是分擔責任和分享榮譽。對行銷管理者而言，邀請其他部門同事加入你的計畫，是短時間裡取得更好成績的不二之選。

只要情況允許，可以邀請其他部門同事加入你的專案計畫，你將在全公司建立起更好的人際網絡，同時激勵其他部門與你協力解決「大問題」。

說出「房間裡的大象」

走出自己的辦公室後，你要確保你說的話是有意義的，也就是說，你不能迴避問題。你要辨認出問題，然後加以解決，特別是其中最嚴重的問題。每家公司都有這種潛藏的巨大棘手問題，沒有人敢觸碰。這就是諺語所說的「房間裡的大象」（the elephant in the room）。

不去觸碰巨大的棘手問題有很多種原因，也許它太大了，所以人們覺得不可能解決得了。也許面對問題會顯得你特立獨行，與組織的氛圍不相符合。也有時候，人們之所以不談論「大象」，是因為他們不想讓別人覺得自己消極負面。但是如果你不去嘗試解決，或者至少說出這個「大象」，那麼你想要做的事情可能一開始就無法推進。

在美國、荷蘭和以色列等崇尚坦承的文化中，人們更傾向直接表達：「有一個問題，我們得談談。」然而，在組織中有來自講究級別和禮節文化的領導者，他們知道如何用間接的方式來談論最嚴重的問題。

你想用聰明的方式來說出這個「大象」嗎？你只需問大家：「想讓我們的計畫成功，我們首先要具備什麼樣的條件？」讓大家把所有重要的條件都列出來。然後問：「我們如何才能具備這些條件？」接下來的討論將不可避免且自然而然地轉向這個「大象」。而且，你還要以推動事情向前的積極方式來表達。

說出「大象」並不意味著你總是能解決它，但是一旦說出來，你至少可以找到工作的方向。

租一台推土機

你已經走出自己的辦公室，持續並反覆講述你的想法，你也做了「傾聽，決策和溝通」，召集其他部門的人員，說出大問題並開始解決它。此時你已經建立了最廣闊的共識。最後，你做了決定來推進你的重點計畫。現在需要執行你的決策。

對關鍵的計畫和決策，你需要得到他人的支持，而他們應當能幫你掃除道路上的障礙。在這種情況下，你要將高階領導者們組成一個「戰時內閣」，並展現出「逢山開路，遇水架橋」的氣勢。

我們有些客戶與他們的「戰時內閣」建立了定期的電話或現場會議機制。另一些客戶則是要求他們的「戰時內閣成員」必須二十四或四十八小時隨時待命。

只有在不得已的情況下，你才能動用「推土機內閣成員」，但是當你確實需要這樣做的時候，你要對問題加以解釋，同時重提已經達成共識的方案。如果沒有強有力的新證據顯示之前的決策是錯誤的，那麼所有人都應該服從既有的決定。

巧妙應對「我們也應該要……」

不論是IT新手或是董事長的配偶，似乎每個人對「行銷工作該怎麼做」都有自己的一套想法。當一位高層領導者告訴你，她丈夫說：「X公司贊助了一支足球隊，我們也應該這樣做。」或者，「Y品牌的臉書有幾十萬粉絲。我們也應該達到相同的水準。」此時你會怎麼回應？

你越常走出自己的辦公室，就越容易遇到類似的問題。

在處理「我們也應該」的問題時，你要保持耐心和禮貌。盡力把你聽到的想法看作是有用的建議。至少這代表他們關心公司的事務，而且有些意見確實有價值！作為公司行銷預算的監護者，你可以要求對方提出有影響力的證據，證明這麼做有可能取得什麼樣的結果。如果證據不存在，你或許就可以迅速把對方的意見拋諸腦後。

如果某一個「我們也應該」的建議可能會讓你的行銷效果打折，你就要堅定表示拒絕，同時解釋你為何不改變目前的決定。最重要的是，你要習慣它的存在，下一個「我們也應該」很可能就在拐角處。

不吝讚美

當你達到階段目標或有了重大進展時，一定要慶祝一番，公開感謝那些做出巨大貢獻的人。收集包含有關貢獻者在內的成功故事，並且在整個組織內傳揚，讓核心管理層也聽到。雖然我們的研究告訴我們，行銷管理者喜歡成為關注的中心，不過你最好避免自誇。你要記住，行銷領導力的本質是激勵他人。你是領導者，專案成功了，功勞自然會是你的！

你必須回答的關鍵問題

為了策動你的同事拓展「價值區」，走出辦公室是你必須要做的努力，這是業務影響力和職涯成就的重要推力，也是大多數行銷管理者可以明顯提升的部分。你該怎麼做呢？試著回答下面問題：

◎你是否經常講述同一個簡單且前後一致的顧客願景故事，以至於很多同事都能複述出來？

◎你有沒有走出自己的辦公室去「傾聽，決策和溝通」？

◎你的專案團隊中有來自其他部門的成員嗎？

◎你有沒有說出那頭阻礙公司成功的「大象」（即棘手的巨大問題）？

◎如果你的重要計畫受阻或陷入困境，你是否有「推土機」（即有力的支持）來清除障礙？

◎面對「我們也應該」的評論和建議，你有沒有禮貌地詢問這麼做的證據？

◎你有沒有表揚並讚美他人？是否經常或公開這樣做？

你可以在以下網址下載這些問題：www.marketingleader.org/download（英文網站）

法則6：以身作則

用身體力行的方式拓展「價值區」

不論你的故事有多精采，唯有獲得切實的成果，你才能成為成功的行銷管理者。成為獲得切實成果的功臣，是行銷管理者職涯成就的一大驅動力（相對貢獻度為一二%），同時是業務影響力的一大來源（相對貢獻度為六%）。

原因很簡單：對行銷管理者職涯發展有影響力的最高決策者，他們更注重實際成果，特別是收入和利潤的增長。沒有任何一個抽象概念、故事或計畫能與實質的業務成果相媲美。你說的話和做的事越能影響收入及利潤，在公司裡就越能得到認可。你創造的成果越多，追隨你的同事就越多。

行銷管理者的業務影響力和職涯成就的貢獻度

業務影響力	以身作則（6%）
職涯成就	以身作則（12%）

行銷管理者的領導行為對業務影響力和職涯成就的相對權重，占神經網絡模型中所有領導行為的百分比，樣本數量：1,232份。

在我們的研究中，「以身作則」主要是指有明確的行動計畫來推動業務，並能向同事展現行銷工作對業務的影響力。

資料來源：行銷人員DNA研究，巴塔和巴維斯，2016年（*The Marketer's DNA-study*, Barta and Barwise, 2016）

我們來看看，電信公司行銷管理者葛列格如何向公司所有人展現他對推動業務的能力。

有一天，葛列格工作到很晚，走廊對面的電話響了起來。他瞥了一眼話機顯示螢幕，看到一個陌生號碼，所以他用正式的語氣問候：「晚安，我叫葛列格。我能幫您什麼忙呢？」

「終於！」對方回應道，「你們所謂的服務熱線讓我等了二十二分鐘。我等不下去，所以一直在嘗試其他號碼。我現在的問題是，我在墨西哥，有人偷了我的手機！我需要明天拿到手機！」

葛列格說：「我很遺憾聽到這個消息。」他為服務熱線的延誤表達歉意，隨即記錄來電者的地址，並向他保證公司會盡其所能幫助他。

事實上，葛列格根本不知道如何在一夜之間把新手機送到墨西哥，但他決心解決這位顧客的急迫問題。幸運的是，他發現公司的倉庫仍然有人在工作，在放下電話不到一小時，他就把新手機送出去了。

第二天，葛列格幾乎忘了這件事，社群媒體團隊的同事突然告訴他：「你現是推特上的大紅人！」原來，前一晚的顧客是位當紅的說唱明星，他告訴自己的二十五萬推特粉絲，他的電信服務商的「葛列格」如何救了他的命，而且人們應該轉到這家「酷斃了的公司」。消息很快傳遍公司上下。在接下來的幾週裡，公司的其他同事為了留住顧客也試圖打破常規，想成為像葛列格那樣的英雄。

葛列格贏得了一位忠誠顧客的心，還為公司贏得極好的口碑，而且他也在公司內部發起了一場「打破常規服務顧客」的行動。

那麼，你如何透過以身作則來動員同事呢？

發起一項行動

如果你有一個好的經營理念，為什麼不以它為基礎發起行動呢？說出你的想法，說明具體怎麼做，接下來是最關鍵的一步：找到第一個追隨者。

蒂娜．穆勒（Tina Müller）原本是化妝品公司漢高（Henkel）的行銷主管，後來她成為通用汽車的歐寶公司行銷長。「發起一項行動」讓她在漢高獲得極大的成功。

蒂娜推出了美髮品牌絲蘊（Syoss），包含由專業美髮師開發的一系列消費品。一開始，絲蘊品牌的影響力只侷限於美國市場。公司其他的區域經理對這一品牌在美國以外的潛力持懷疑態度。然而，蒂娜設法說服了俄羅斯的區域經理，在那裡大膽推出絲蘊，該經理成了蒂娜的第一個追隨者。這項計畫成功了，先前抱持懷疑的區域經理們在一夜之間成為追隨者。現在，絲蘊已經成為享譽全球的大品牌。

行動始於領導者的勇於冒險、嘗試新做法，並且能彰顯出效果。然後，他／她還要找到至關重要的第一批追隨者。如果你想在組織中發起一項行動，可以參考以下三個步驟：

一、**問自己：我的行動是什麼？**尋找一個貼近顧客心思的理念，這個理念還要在組織裡有廣泛的發展潛力，例如某種服務顧客的新方式，或者某種新產品。如此一來，你就進入了「價值區」（見第一法則：只處理「大問題」）。

二、**勇於表達想法**。作為行動的領導者，你必須以身作則，告訴大家你的想法如何在實際中操作。當One2One Mobile的迪伊．杜塔有了預付通話費的想法時，其他人都不看好，但是迪伊動了起來，透過成功的測試證明他的想法。最終，預付通話費的做法改變了整個通訊產業。「首先行動」是有風險的，但是，作為領導者你需要勇於承擔風險，而且你這樣做了之後，大多數人都會尊敬你。

三、找到重要的第一批追隨者。一旦你說出自己的想法後，就要把注意力放在尋找實行這個想法的第一批追隨者上。實際情況可以像二〇〇九年華盛頓舉辦的大腳野人音樂節，第一個開始跳舞的人，他雖然笨拙卻很興奮。幾百名觀眾很好奇：「那傢伙到底在做什麼？」過了一段時間，另一個勇敢的人也加了進來，不過其他人仍然只是旁觀。接下來，第三個人加入了。這是一個臨界點。幾分鐘之內，人們爭先恐後地加入，生怕自己被落下。「找到第一批追隨者」的能力是被低估的領導技能，但這實際上非常重要。

雖然你無法主導一切，但你可以發起一項行動，以此來激發其他人動起來，把你的想法付諸實踐。

進行小規模測試

發起一項行動時，向老闆和同事展現測試的成功結果，這要比詳盡的行銷方案更有說服力。如果你在解決某個「大問題」時有自己的見解，就儘早進行小規模測試來證明這一點。

美國一家口香糖企業的行銷負責人發現，亞洲的顧客喜歡購買四〇到五〇粒裝的口香糖，但是在歐洲最大的口香糖包裝只有十粒。他的同事們認為，要改變歐洲顧客的消費習慣是不可能的，於是他開始進行一項小規模的測試，成功說服懷疑他的同事們。如今，四〇到五〇粒裝的口香糖產品已經非常普遍，而且還成為公司的主要利潤來源。

同樣地，日本電信龍頭軟銀（Softbank）行銷部門總經理齋藤清（Kiyoshi Saito）設計了家庭組合方案和新的通話費分期付款計畫，為公司贏得多年來為數最多的新用戶。這些做法都是從一個小型測試開始的。

一旦所有人都看到這樣做可以成功，他們就會聯合起來讓成功進一步放大。

深入第一線

當上司看到你正為了增加公司營收在第一線奮勇拚殺時，你就更有可能在職涯發展上成功。在他們眼裡，你會是一個充滿號召力的人，一個渴望捲起袖子做一番事業的人。

讓上司關注你的方法之一是深入第一線，要怎麼做到這一點呢？拿起電話與投訴的顧客交談；花幾天時間和銷售團隊一起打拚；到門市裡工作，幫助銷售。某家超市集團的董事會成員們，每年都會花費長達一週的時間到賣場陳列貨品，或在收銀台為顧客服務。

深入第一線不總是一件容易的事，但是這麼做可以讓你親身體驗一線員工和顧客的心理狀態，可以讓你實地了解哪些措施管用、哪些不管用。同時，這麼做也能讓一線員工知道，你認可基層員工在創造公司價值上的重要性。

使用顧客語言和商業語言（而非行銷語言）

英國彩券公司Camelot執行長安迪·鄧肯尖銳地批評許多行銷管理者：「行銷這個詞常被人誤解，太多行銷管理者都在使用董事會成員根本聽不懂的術語，結果導致自己不受重視。」

你需要走出自己的辦公室，同時說別人能聽懂的話，使用其他部門同事可以理解的詞語。你的目標是幫助公司拓展「價值區」，所以要使用顧客語言和商業語言。

你能使用的最佳語言類型是顧客語言，換句話說，你要談論顧客談論的事，還要使用他們的表達方式。你的第二個選項是使用和公司營收或利潤有關的語言，例如潛在顧客、市場占有率、產品成功率和毛利率等等。

正如新加坡郵政（Singapore Post）執行長沃爾夫岡·拜爾（Wolfgang Baier）所說：「最受尊敬的行銷管理者總是用營收來說話。」

你必須回答的關鍵問題

「會說」是好事，「會做」可以明顯推動業務更為可貴，特別是對你的職涯發展而言。

為了動員你的同事，你要想方設法證明：你的行動能拓展「價值區」。這往往意味著你要以身作則，讓所謂的「可能性」真實呈現出來。

◎你如何透過以身作則和找到關鍵的第一批追隨者來發起一項行動？

◎你正藉由小規模測試來證明你的想法嗎？

◎在公司的第一線能否見到你的身影？你的行動能產生直接影響嗎？

◎你在用「行動」說話嗎（而不是用概念和理論說話）？

你可以在以下網址下載這些問題：www.marketingleader.org/download（英文網站）

分享激勵人心的願景、走出辦公室和以身作則，藉此來策動你的同事，這是你作為行銷管理者每天都要努力去做的事情。

現在來看看如何策動直接下屬——也就是你的團隊，來拓展公司的「價值區」。

第三部

策動你的團隊

功成事遂，百姓皆謂我自然。

——老子

法則7：合理配置人員

如何合理配置人員來拓展「價值區」？

所有行銷管理者的首要任務就是：打造一個有凝聚力、能解決關乎顧客和公司的「大問題」（「價值區」內的問題）的行銷團隊。這一團隊應當才華橫溢，不僅對公司外部的行銷人才能有強大吸引力，也能充當公司內部的人才庫。

在閱讀這本書的過程中，你會一直想知道各種行銷技能所能發揮的作用，現在你可以知道了。建立一個「行銷和領導技能配置合理」的優秀團隊是成功的關鍵，但是，正如你即將看到的，對很多行銷管理者來說，合理配置團隊技能並不是一件容易的事。

二十一世紀的行銷正在遭受「技能短缺」的危機。此外，人們對各項技能的重要性的認識也非常模糊，特別是對數位和資訊技能的重視往往意味著對其他重要領域的忽視。儘管數位媒體和數據行銷蓬勃發展，策略行銷的基本功能和性質並沒有改變。

與執行長重視的優先事項和整體策略保持一致；選擇正確的目標市場和顧客；了解顧客需求；提供品質更好更方便顧客使用的產品和服務；打造有魅力、有成效的品牌傳播；設定合理的價格；找到正確的分銷和顧客支持模式；所有的這些事項仍然是贏得和留住優質顧客的核心。

同樣地，如何動員行銷部門之外的同事，來最大限度地拓展「價值區」，推動長期經營績效（我們在上一篇討論的內容），這一點從沒發生實質性的改變，不過，策略性的行銷手段和管道正在不斷演變。雖然有些傳統的行銷方法（例如電視廣告）並沒有太大的改變[7]，但數位革命正以日益豐富的全新行銷方式來理解、定位、影響和支持顧客（社群媒體、行動通訊、大數據等）。

行銷部門變得越來越注重分析，所面對的工作也越來越複雜，這使得行銷管理者在技術和管理上面臨極大挑戰。你需要決定運用哪些行銷手段，以及如何在人員結構和技能配置上將這些手段結合起來。例如，如何大幅度優化數位分析團隊、市場研究團隊、外部技術分析供應商和行銷決策者的技能配置，以及調整他們之間的關係。

麥肯錫估計[8]，到二〇一八年，單單是美國的行銷團隊就將短缺近十九萬具備數據分析技能的人才。七八%的行銷長認為，未來的行銷工作將更為複雜，只有四八%的人表示他們已經做好應對的準備。雖然所有的企業功能都在面臨數位技能的挑戰，但行銷所面臨的挑戰尤為嚴峻。數位轉型是執行長們的一大重任，他們都期望自己的行銷管理者能在其中發揮重要作用。

今天，許多行銷管理者都對新的策略性行銷機會感到不知所措，同時也有更多的書籍、文章、會議、研討會和部落格來幫助他們充實技術性的行銷知識和技能。然而在很多情況下，學習新技能要消耗太多精力，以至於行銷管理者沒有很多時間來完成自己的主要任務：提出並實施創意，以此推動「以顧客為中心」的創新，同時推動營收成長。

---

7 當然，即使在這一領域中，變化依然在發生。例如線上觀看和其他類型的定址能力都正在發展，但變化的步伐並沒有炒作的那麼大。如果三十年前的人穿越到現在，他們會很難發現今天的電視廣告在功能和性質上與過去有什麼不同。

8 McKinsey & Company estimate, CSMO-Forum 2012.

對所有的行銷管理者來說，自己的行銷技能和團隊成員的技能都不足。當你剛進入行銷業時，你的首要任務是從技術層面來提升自己的行銷技能。但是，一旦你開始領導其他行銷人員，你的角色就會改變。此時使用正確的方法和人際技能來徵才、培訓和激勵人才就變得越來越重要。這些人際技能包括傾聽、合作、堅持等等。即便沒有嚴密的監督，最好的團隊也會充滿幹勁，做出穩定而優異的業績。

許多行銷管理者發現，從行銷專家到行銷團隊領導者的轉變似乎非常困難。為什麼呢？因為他們已經習慣處理細節。隨著工作節奏越來越快，工作內容越來越複雜，他們感到難以應付，所以他們很難把注意力集中在全局上，同時將瑣碎事務的執行授權給自己團隊的技術專家來處理。

對行銷管理者來說，一九四五年羅傑斯（Rodgers）和漢默斯坦（Hammerstein）的音樂劇《旋轉木馬》（*Carousel*）中的插曲〈你永遠不會獨行〉（*You'll Never Walk Alone*）說得很正確。想一想，你試圖改變每天由大量同事創造的顧客體驗，而其中的大多數同事並不在行銷部門工作，所以你不可能獨自做到這一切。實現這個目標的唯一途徑是成為「領導者們的領導者」。不要只是建立一個支援團隊，你還要建立一個由行銷管理者組成、有動員能力的團隊，以此來幫助公司拓展「價值區」。

行銷管理者的業務影響力和職涯成就的貢獻度

業務影響力	合理配置人員（20%）
職涯成就	合理配置人員（7%）

行銷管理者的領導行為對業務影響力和職涯成就的相對權重，占神經網絡模型中所有領導行為的百分比，樣本數量：1,232份。

在我們的研究中，「合理配置人員」主要指行銷管理者及其團隊的分析和創造能力，同時包括能讓團隊成員團結一致處理公司優先事項的領導行為。

資料來源：行銷人員DNA研究，巴塔和巴維斯，2016年（*The Marketer's DNA-study*, Barta and Barwise, 2016）

在這一章裡，我們將深入探討如何建立一個配置合理的團隊，同時確保團隊成員團結一致。在接下來的章節裡，還會為你介紹如何指導團隊以及如何實施績效管理。這些將幫助你打造一個無比強大的行銷團隊。

技術性的行銷技能對你的成功有多重要？非常重要。在我們的核心研究中，合理配置人員（正確的技能組合和團結一致）是高階行銷管理者業務影響力的首要推動因素，相對貢獻度高達二〇%。那麼合理配置人員對職涯成就的影響如何呢？它也是行銷管理者職涯成就的重要推動力（相對貢獻度為七%）。

建立一個技能配置合理、上下團結一致的行銷團隊沒有想像中困難，但是想做好這一點，你還是要投入大量時間和精力，即便這同時意味著：你可能沒有更多時間來更新技術性的行銷技能和知識。

以下我們來進一步討論，如何打造一個技能配置合理的團隊來解決「大問題」。此外也會討論如何讓團隊協調一致，讓所有的團隊成員心同心協力。

設計正確的技能組合

讓我們感到驚奇的是，我們在研究中發現，高階行銷管理者對自己的技能和團隊成員的技能都沒有太大信心，只有六〇%的行銷管理者認為，他們擁有很強的概念和創新技能，而當談到分析和執行技能時（如定價），這一比例下降到了四九%。不少行銷管理者都認為，他們和團隊成員都不具備相關的技術性行銷技能。

是不是行銷管理者對自己的要求太高了？也許吧。但是當我們進一步深入探究時，確實發現一些明顯且應當引起行銷管理者注意的技能差距。有趣的是，「數位技能」並不是其中最緊要的問題。為了幫助你更理解現今行銷管理者需要的技能，我們做了詳盡的分析。

首先，我們計算各種技術性行銷技能對行銷管理者業務影響力的重要程度。接著，用圖表繪製出研究中的行銷管理者和他們團隊擁有這些技能的程度。我們的發現十分驚人。

概念技能和創新技能（如品牌定位和行銷策略）對商業的成功至關重要，行銷管理者在這兩方面的技能都非常強大。七六％的高階行銷管理者都自信地認為，自己和團隊成員都是行銷策略方面的好手。

然而，分析技能和執行技能（如價格設定和產品創新）與以上兩項技能同等重要，但只有四〇％的高階行銷管理者表示自己擅長策略性定價。顯然，「公司需要的重要技能」與「行銷管理者掌握的技能」之間存在著相當嚴重的脫鉤，尤其是在這些更加注重分析的領域。

那麼，行銷管理者在社群與數位媒體方面的表現又如何呢？他們對自己在這方面的評價並不是很高，而這些技能對他們在商業上的成功來講，也並非特別重要。

你可能會說，數位方面的技能在將來會變得更加重要。這一點我們贊成，但是與圖7-1中行銷管理者在定價技能方面的差距相比，他們在數位媒體技能上的差距似乎被誇大。

對於身為管理者的你來說，這些發現意味著什麼？不要太拘泥於我們的數據，不

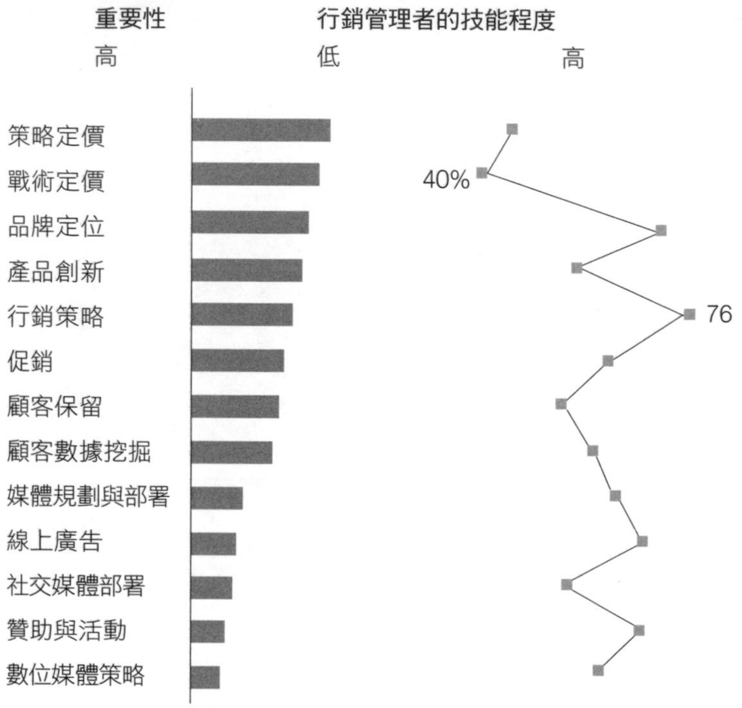

圖7-1　技術性技能對業務成功的重要性與行銷管理者們的表現

不同的技術性行銷技能對行銷管理者之業務影響力的重要性。（單因子變異數分析，$p<0.01$）

行銷管理者對自己以及團隊成員技能程度的主觀感受，顯示為選擇最高的兩個選項之百分比。

資料來源：行銷人員DNA研究，巴塔和巴維斯，2016年（*The Marketer's DNA-study*, Barta and Barwise, 2016）

過你的情況可能與我們研究中的大多數高階行銷管理者非常相似。例如，在你所待的產業中，價格受到了高度管制，那麼定價可能就不再重要，而數位技能可能就是你的團隊最需補足的方面。

這些發現意味著，你需要有一個技能組合正確的團隊，他們能幫助你達成目標。

這句話聽起來有點婆婆媽媽，但證據顯示，有這樣做的行銷管理者少之又少。

重新審視團隊的技能結構並做出調整，以此來適應「價值區」的要求，這麼做能為你帶來業績上的突破。倫敦交通局行銷總監克里斯多福．麥克勞德正是這樣做的。

克里斯多福在申請市場總監這個職位時有些猶豫不決。這項工作非常重要，卻包含一個潛在的困難點：要在複雜多變的形勢下改造行銷團隊。不過想到能擔任全世界最繁忙的火車、公共汽車和公路營運集團的行銷長著實令人興奮。倫敦交通局的行銷活動非常醒目，從日常通勤族到政府官員的數百萬人每天都能看到。而且這座城市即將迎來幾十年來最重要的一次大型活動——二〇一二年奧運會。行銷總監的任務是要為廣大乘客和遊客提供正確的訊息，好讓奧運順利進行。

但是倫敦交通局的行銷部門需要重新調整。在不同的業務部門都有各自的行銷團隊，雖然執行成果還不錯，但往往沒有達到應有的整合效果。要想解決「價值區」內的「大問題」，這樣的團隊是不可靠的。交通局的行銷負責人還有另一項艱鉅任務：將行銷成本削減二〇％。

當克里斯多福得到這份工作的時候，調整現有的行銷團隊就成了他的當務之急。他想知道團隊成員擁有哪些技能，哪些工作任務重疊，以及團隊還缺少哪些技能。他回憶說：「工作難度很大。我們不僅要建立人員配置合理的團隊，還要趕在奧運之前完成這個調整，讓工作步入正軌。」在對整個組織進行廣泛了解和評估的過程中，克里斯多福發起了一連串研討會和標竿分析，以此來確定行銷工作的關鍵任務和最佳結構。

評估過後，克里斯多福連續多天加班到深夜，最終成功交出一份倫敦交通局行銷團隊的新架構。在這一新架構裡，行銷部門是一個統一的團隊，他們橫跨組織的各個部門，進行一致且高品質的行銷，以此來拓展「價值區」。

新的團隊架構得到批准後（工會也肯定這一方案），速度就變得很重要。幾天之內，克里斯多福就宣布了團隊的新架構，並且展開幾十場討論和交流會議來幫助擔任新職務的人進入狀態。幸運的是，公司尊重員工的選擇，允許他們轉職和自願離職。不過對許多人來說，這個過程仍然十分痛苦。

新的團隊架構一經確立，克里斯多福的注意力就轉移到鼓舞士氣以及讓成員團結一致上。隨著奧運的到來，他必須確保所有人都專注在即將到來的重大任務。克里斯多福四處巡視，反覆談論新架構和奧運的重要性。他說：「我們必須強大。」他解釋，就像運動員奔向終點那樣，倫敦交通局的行銷部門也正往這場盛會衝刺。

克里斯多福的能力得到了回報。在對員工進行的調查中，新團隊在「合作」、「更周到地服務顧客」和「團隊支持」等項目上普遍提升。成本雖然降了下來，但行銷的效果沒有減少。由於克里斯多福在奧運會的行銷工作中表現出色，他帶領的團隊還榮獲英國廣告從業者協會（IPA）的「行銷效果獎」（Marketing Effectiveness Awards）當中的兩項金獎。

「在奧運之前重組團隊就像在為心臟做大手術，而病人還在工作。不過我們值得冒這個險。實現一個好的團隊架構非常重要。」克里斯多福說。

你要盡全力關注團隊的技能架構。這不是一件一勞永逸的事情，你必須不斷調整團隊的技能，因為成員會晉升、會離職，新技能也會變得越來越重要。如同克里斯多福一樣，你永遠不能停止對團隊的設計規劃。想要行銷工作獲得成功，你就要讓團隊擁有的技能保持在頂尖水準。

招聘有特色的人

在此我們要分享一個非常重要的招聘方法：招聘有特色的人。憑藉這一點，我們有很多客戶都建立了具備正確技能組合的團隊。你也可以使用這種方法來評估現有團隊或僱用新人。

行銷管理者經常告訴我們，找到合適的團隊成員很不容易。當我們要求查看團隊的職位描述時，他們往往都會給我們看一份無比複雜的文件。一位高階行銷管理者對我們說，他希望團隊的新任經理具備以下素質：適應力、商業思維、熱情、創業精神、情緒智商、求知慾、B2B的行銷經驗和資料探勘能力。我們告訴他這個表單太長了，他說其中最重要的是資料探勘能力和創業精神。其他大多是公司人力資源的要求。難怪他的團隊總是找不到合適的人選！

建立團隊時，思路清晰很重要。我們推薦一種尋找特別人選的極簡做法。

首先，總結你的「價值區」難點。例如，你的優先事項是藉由提高顧客留存率和優質顧客的貢獻度來提升利潤率，或是在某個市場滿足顧客需求以提升市場占有率。無論你的「價值區」難點是什麼，你對它們的清晰認知會大大幫助你認清團隊所需的技能種類。

然後，在這個基礎上回答以下三個問題。

◎問題一：拓展「價值區」所需的一到兩項最特殊的技術性行銷技能是什麼？

不要列出一長串基本技能（大多數行銷人員都擁有這些技能）。只關注最特殊的技能，也就是你的團隊或團隊成員必須真正擅長的事情。確保你已經考慮了分析技能和創新技能。大多數行銷人員只關注其中一項，而不是兩項都重視，這與他們的個人喜好或興趣有關。

◎問題二：拓展「價值區」需要哪一種或哪兩種特殊的人格特質？

對你的團隊來說，哪些人格特質最為重要？你特別需要具有創業精神的人嗎？還是你特別需要擁有堅韌毅力的人？在理想的情況下，你肯定想同時擁有這兩種特質，但是到底哪一種才是團隊最需要的特質呢？

◎問題三：對我們的團隊來說，哪些人格特質是「無法接受的」？

美國全食超市（Whole Foods）執行長約翰．麥基（John Mackey）說：「去找能和你合得來的人。」招聘你喜歡的人，但是不要僱用太多和你一樣的人，否則不利於團隊的多樣性。如果你想要有能力、有責任感、有團隊精神的人，為此你能忍受那些

表7-1　特殊技能與人格特質表

特殊技能①		特殊人格特質②
分析技能	創新技能	
哪些人格特質是「不可接受的」？③		

資料來源：巴塔和巴維斯，2016年（Barta and Barwise, 2016）

考驗大多數人神經的另類性格（就像「牡蠣裡的沙礫」），但是這些性格特質最好是良性的，而且你不會想要太多這類特質。想清楚，哪些人格特質是絕對不可接受的。

回答以上三個問題，能幫助你清楚描述整個團隊以及每名成員所需要的技能。根據你的回答填寫表7-1的技能與人格特質表，你就會更清楚明白自己需要什麼。

你也可以列出團隊當前擁有的技能和人格特質。在紙上寫下每一個不同的技能（和人格特質），接著在旁邊寫下具有這些特定技能／特質的成員名字。如果可能的話，再標示出他的技能程度，例如「絕佳」、「尚可」還是「較弱」。你很快就會看到，哪些技能是優勢，哪些技能需要補強。

有人認為這種「三問題法」過於簡單。當然，其他技能和人格特質評估會更全面，但是根據我們的經驗，你羅列的技能和人格特質要求越複雜，你在招聘時就越看不清對方的優點。少即是多。

我們的「三問題法」也可以用來補充更為複雜的招聘模式。例如，有的公司擁有經過驗證的模式來預測行銷的職涯成功，該模式是基於認知能力測試，這很好。你可以先使用這樣的標準化測試來篩選應聘者，然後在面試時再尋找你需要的獨特技能和人格特質。

在敲定最終的特別技能表單前，我們希望你考慮以下建議，以此來獲得正確的團隊技能組合。

考慮人際關係和人際技能

在成功的團隊裡，常常有成員能幫助團隊拓展重要的人脈。例如，產品開發對你拓展「價值區」很重要，你就可以聘請與公司產品開發部門有良好關係的人員，這讓你更方便和這個部門進行合作。

在建立團隊的時候，要考慮你需要打通的內部和外部人際網絡，同時尋找能幫助你實現這個目標的人。

建立多樣化的團隊

對你的行銷團隊來說，思考方式、經驗和背景的多樣化是否重要？在我們看來答案是肯定的。麥肯錫有一項全球性研究發現，在領導力方面呈現多樣化的公司，比其他公司多創造了五三％的報酬率。多元化團隊無疑將豐富和強化所有行銷部門的想法和活力。

不要只考慮性別組合，你還要考慮國籍、年齡、宗教信仰、性取向、過往經驗、社會經濟背景和種族的組合。

我們的客戶有時會問：「我們要在多樣化方面做到什麼程度？」這個問題沒有明確的答案。專業機構可以幫助你實現正確的人員技能組合，不過對初學者來說，你可以考慮讓團隊的成員結構貼近顧客群體。這麼做可能不是百分百可行，但是朝這個方向努力或許是不錯的開始。

培養還是外包？

行銷領域正在迅疾變革。隨著數位科技、社群媒體、行動媒體和大數據技術的飛速發展，大多數行銷團隊都處在「似乎永遠都沒有盡頭」的技能轉型之中。

哪些技能需要內部培養？哪些技能需要找外部合作？你可以參考以下兩個重要因素來做出決定。

一、**技能的策略重要性：**根據經驗法則，如果一項技能可以成為公司長期的重要競爭優勢，就內部自行培訓。寶僑公司擁有自己的廣告效果研究，因為他們認為這是一項重要的長期競爭力資產。相反地，大多數電信企業都把廣告效果研究外包，轉而大量投資於內部的定價研究，因為在他們的業績中，定價占據核心位置。如果有一項技能可以讓你在競爭中脫穎而出，就不要外包出去，也就是說，你要在公司內部自行培養。

二、**技能的及時性：**內部自行培養技能可能要花費一段時間才能見到效果。如果你急需某項技能，請與外部夥伴合作。如果這項技能在策略上有十分重要的地位，那麼從一開始你就要將內部能力的培訓明確擺在議程上（而不是坐等專家離開公司）。

培養行銷領導能力

你在本書中讀到的，目前還不是組織中正式的行銷培訓內容，不過這一點正在發生改變，因為人們逐漸意識到，想要拓展公司的「價值區」為顧客和公司創造長期價值，行銷管理者就必須提高自己的領導能力。這不是偶然的，行銷管理者要有意識地努力學習：

◎策動自己的上司（能影響公司的議程）
◎策動自己的同事（來為顧客提供更好的服務）
◎策動自己的團隊（成為領導者們的領導者）
◎策動自己（明確使命，激勵他人）

在你打造團隊技能的時候，也要考慮培養行銷領導能力。

建立有系統的行銷技能培訓機制

行銷人在一開始的前兩年或前五年的職業生涯裡，他們非常需要有系統的技能培訓，這一點是很基本的。然而讓我們驚訝的是，太多的行銷團隊都沒有做到這樣的技能發展規劃。

如果你的團隊還沒有系統性的技能培訓機制，你就要建立起來。至少這一機制應當適合通才和專才的不同需求：

◎所需的技術性行銷技能與培訓
◎所需的行銷領導技能與培訓
◎所需的技術性在職經驗

在員工的職業生涯早期，培訓的重點大多集中在技術性行銷技能上，但是隨著員工的逐步發展，你應該把行銷領導力方面的培訓作為重頭戲。常見的培訓內容有：議程影響、進一步動員同事、打造高效的行銷團隊，以及借助使命來領導行銷工作。

技術性的行銷技能培訓通常可以在內部進行，同時可以有選擇地參加外部技能研討會（例如由培訓機構舉辦的培訓班）。

行銷領導力培訓要遵循不同的做法，其中包含多種高度專業化的課程，通常需要根據你的行銷團隊量身訂做（記住：這不是通用的領導技能培訓，而是行銷專用的領導技能培訓）。如果你服務的是一家小型公司，你可以選擇成員去參加市場上為數不多的行銷領導力培訓班，但是如果你的團隊成員已經達到十人或更多，那麼在內部成立行銷領導力培訓會是更好的選擇（也更具成本效益）。

在一年當中，你應該安排幾天用來培訓？這裡有個有趣的見解。最近的一項研究發現，行銷部門的培訓支出在各大部門中相對墊底，而財務、人力資源、營運等部門會花更多的資金來「升級」員工的技能。我們建議，每名團隊成員（包括你自己）每年至少安排五個培訓日。聽起來很多是嗎？其實不多，五天大約只占一年工作時間的二%。而且，若這個時長在你看來已經像是當前的好幾倍，那麼你就要知道，你只是剛剛好趕上了其他部門的水準。

技能發展計畫不只適用於大公司。即便你所在的公司只有十二個人，行銷人員只有區區兩三個人，你也完全可以拿出幾張紙來擬定行銷技能發展計畫。如果有疑問，可以花幾個小時和團隊成員一起完成這份計畫。

培養技術性行銷技能之外的技能

行銷涉及很多部門，如果只熟悉自己的部門，卻對其他部門缺乏了解，這樣的行銷人員很難在公司內部展開順暢的溝通和合作。然而，大多數行銷管理者確實很少接觸行銷部門之外的事務（在我們的研究中，有七四%的行銷管理者表示，他們只從事行銷工作）。

努力輪調你的人員，讓他們有三個月到半年的銷售、財務或營運經驗。事實證明，行銷管理者去接觸銷售工作是極有價值的事。擁有百事可樂（Pepsi Cola）、樂事（Lay's）、多力多滋（Doritos）等著名品牌的百事公司（PepsiCo），早已開始對銷售管理者和行銷管理者進行輪調。

百事公司前行銷長薩勒曼．阿明（Salman Amin）說：「我們對百事公司有信心，我們需要培養公司的下一代領導者，提升他們的商業敏銳度……我們已經開始這樣做，先做一些初步的嘗試。在一些情況下，我們會派銷售人員到行銷部門擔任重要職務，反過來也一樣。」

輪調人員能幫助你的團隊成員更了解公司其他部門裡正在發生的事情，同時有助於發展人際關係，在前面的內容有提過這一點。

聚焦於「價值區」的關鍵事項

一旦你有了合適的人員，接下來最要緊的事就是把大家凝聚在一起，聚焦於「價值區」內的關鍵事項。

若不能集中力量解決公司認定的優先事項，那麼團隊很可能會被邊緣化。這類團隊的成員經常抱怨公司不重視他們的意見，做事情都得跟著別人走。他們和他們的管理者在公司裡的影響力都極為有限。

團隊缺乏明確方向的另一個症狀是，團隊成員不會設定不同工作的優先順序。在這樣的團隊裡，所有人都忙得不可開交，他們會講這樣的話：「如果我有時間思考全局就好了（假設他們還有全局這個概念的話）。」這樣的團隊不討論顧客和公司的「大問題」，而是經常陷在內部專案和會議的瑣碎事務中。

托馬斯說：「在研討會上，我有時會請行銷團隊的成員用一張紙來回答一個簡單問題：公司為什麼要設置行銷團隊？眾人的回答往往會引起團隊領導者的注意，因為答案五花八門，很少會見解一致。在大多數情況下，對於行銷團隊應該做什麼事，每個人都有不同的看法，而麻煩往往就產生於此。」

當所有的團隊成員都有一個清晰且令人振奮的目標時，他們就可以共同創造出非凡的業績，所以成功的行銷管理者都會花大量時間和精力去鼓勵成員追求共同的目標。英國招聘和人力資源管理諮詢公司瀚納仕的行銷長索爾托・道格拉斯—霍姆就是這麼做的。

索爾托在他的行銷職涯早期曾得到一個非常難得的機會，並在其中體會了團隊目標所激發的巨大力量。在這個經歷的鼓舞下，每當他帶領一個新的行銷團隊時，都會採用類似的方式來建構團隊目標。

為了迎接新千年的到來，英國政府決定開辦「千禧體驗」（Millennium Experience），這是位於倫敦的一個慶祝人類成就的大型展覽，預計參觀人數為一千二百萬人次。

和許多大型計畫一樣，「千禧體驗」一開始激起了民眾的巨大熱情，但是很快地，計畫遭遇到延期、資金緊迫和公眾的非議。部分原因在於計畫的目的並不明確，而牽涉其中的政客也沒有發揮積極的作用。

在這個計畫裡，索爾托負責行銷與團隊溝通，這是一個非常棘手的角色。由於計畫遇到了麻煩，他的團隊必須繼續維持贊助商們的熱情，同時在政府利益方的嚴密注視下進行政治上非常敏感的公眾溝通。這樣的壓力無比巨大，但是他的團隊最終挺過難關，還因為成功推廣了這個大型計畫而廣受讚譽。[9]

「為了我們的國家，所有的團隊成員都希望千年體驗能夠成功。在工作非常困難的時候，是我們的目標讓我們得以繼續前進。」索爾托回憶道。

索爾托體會到一個強大的團隊目標有多重要，這個經歷讓他日後的職業生涯受益無窮。在瀚納仕時，索爾托一直鼓勵自己的團隊和其他管理者共同努力，以便實現公司的品牌承諾（「好工作可以改變一個人，優秀的人可以改變一家企業」），而這兩句品牌承諾出現在公司的所有重要文件中，也在重要的管理會議上討論。經過四年的不懈努力，現在全球九五％的瀚納仕員工已經充分了解公司品牌在市場上的意義——這是一個新紀錄。

然而索爾托的做法還要更深入。他身處在一個同時有總部行銷團隊和區域行銷團隊的全球性組織中，他知道不能簡單地將人們的目標統合為同一個粗線條的行銷策略，所以他的團隊制定了一整套全球的行銷策略，而且索爾托沒有干預區域行銷計畫，而是廣泛使用所有人都能理解的行銷語言（「獲知、購買和忠誠」）來描述行銷策略。協調出一致的行銷工作，這是瀚納仕公司能在嚴峻的市場上達成優質增長的主要原因之一。

讓團隊成員的目標一致非常重要，而且你必須持續做這件事。作為團隊的領導者，你在任何情況下都要擦亮眼睛，確保所有的團隊成員都在追求同一個目標。

在我們的研究中，七三%的高階行銷管理者表示，他們已經把團隊的架構和目標與公司的統一整合了。在我們的360度評估資料庫中，沒有記錄公司老闆和團隊成員對這個問題的回答，但是我們發現，只有四六%的老闆和四五%的直接下屬認為，行銷管理者有確實向團隊強調「與公司一致」的價值觀。

你可能認為你已經整合了自己的團隊，但是你的老闆和團隊成員可能不這麼想。作為行銷管理者，你有責任為你的團隊指明方向。他們需要知道自己要往哪裡去，充當什麼角色，以及如何把時間和精力專注在上面。

---

9 「千禧體驗」的展覽成效褒貶不一，但是作為場地的「千年巨蛋」已經成功變身為著名的「氧氣體育場」（The O_2 Riverside Arena），成為音樂和運動主題館場。

想為團隊指明方向，你就要非常清楚公司有哪些等待解決的「大問題」。做到了這一點，你才能為你的團隊清晰地指明方向。以下是整合團隊目標的一些做法：

團隊使命：做什麼&不做什麼

讓你的團隊成員明白知道：「價值區」只是一個開始。為了實現你的願景，你也希望他們從情緒上進入狀態並主動行動。

與團隊成員一起寫下團隊的使命。首先，讓團隊成員回答一個問題：「公司為什麼要有行銷團隊？」答案有可能揭露出很多東西，而且通常也會顯示出團隊成員的目標需要進一步統合。

一旦你們認真討論並認清了「大問題」，接下來就要退後一步，讓你的團隊創造自己的使命。最後的表述要非常精煉（最好幾句話就說明白），並且能涵蓋你對品牌的設想，以及團隊如何共同努力來實現它。

動員創造力，推敲詞句，權衡想法，要確保最後的表達必須琅琅上口、令人難忘。例如：

團隊使命：我們要讓ＸＸＸ成為最受顧客青睞的汽車零件品牌，同時仍然維持至少三五％的毛利率。我們團結一致，互相幫助，不斷發現問題，解決問題。

反覆提醒團隊存在的理由

只要是人就會忘記事情，特別是現今的行銷人員還面臨著巨大壓力，所以你一定要反覆提醒團隊成員，公司為什麼要有行銷團隊。每次開內部會議的時候，你都要簡單地重申團隊的使命，這只需要幾秒鐘。你會驚訝地發現，只要不斷重複一條簡單的理念，團隊成員的目標就會變得更加一致。

讓團隊成員向外看

所有的行銷團隊都在談論顧客關注的問題，但是諸如預算和部門關係等內部問題常常會喧賓奪主。你要建立明確的機制以確保團隊成員目光向外。

一種方法是定期（例如每一至三個月）分配「向外看」的任務，像是進行顧客訪談或研究競爭對手。開完會以後，你要問問自己：「關於顧客的事情，我們到底談得多不多？」

你是主要的議程制定者和行為榜樣，所以你要確保自己常提到與顧客有關的事項，而不是團隊內部的問題。

在「不做什麼」方面達成一致

很多行銷團隊都把時間花費在沒什麼價值的事情上。在日常工作中，「緊急但不重要」的任務總是被優先考慮。這個問題怎麼解決呢？

每年舉行兩到三次「制定工作優先順序」的研討會，針對「不該做什麼」達成一致共識。

先從團隊的使命開始。你可以這樣問：「現在有哪些待完成的工作？」、「哪些工作長期看最有價值？」還有：「我們應該停止做哪些工作？至少現在不做或只做到最低限度就停止。」然後，藉由討論工作的優先順序來達到共識，確認重點項目，外包與追蹤項目以及該停止的項目。

一般來說，這樣的研討會能減少無益的工作量，提升團隊士氣，因為團隊成員獲得了明確的「許可」，把重要事項置於緊急事項之前。

你必須回答的關鍵問題

建立一個專注於「價值區」的高技能團隊，這對行銷管理者的業務影響力有極重要的推動力，同時也是他們職涯成就的助力。合理配置人員意味著你必須能熟練回答以下問題：

團隊技能與架構

◎你的團隊是否擁有正確的技能組合（創造技能和分析技能）來拓展「價值區」？

◎招聘人員時——特別是管理者，你會考慮他們的人脈和人際技能嗎？

◎你正在招聘的人員是否能豐富團隊的多樣性？

◎你是否以適當的順序「內部培養」和「外包」團隊的技能？

◎為了豐富經驗，擴大人際關係，你是否已經安排團隊成員到其他部門進行輪調？

◎作為管理者的你是否正努力培養強大的行銷領導技能？

◎你的團隊是否有適當的技能發展計畫？

團隊方向

◎團隊中的管理者們能否一致回答這個問題：「公司為什麼要有行銷團隊？」

◎你經常提醒團隊「公司為什麼要有行銷團隊嗎」？

◎你的團隊成員是否真心認同領導者的使命？

◎你的團隊成員主要關注團隊內部還是外部？

◎你和你的領導者們有沒有共識：「有些事情『不去做』」？

你可以在以下網址下載這些問題：www.marketingleader.org/download（英文網站）

法則8：建立信任

如何讓團隊成員不是請求允許而是請求諒解？

回想你曾經遇過的最出色的上司。他們在領導力方面帶給你什麼影響？你的工作積極度和效率提升了多少？

在多數情況下，出色的上司總是會給你一定難度的任務，同時又不讓你陷入孤立無援的境地，以此來歷練你。他們雖然把任務交給你，卻又隨時能夠為你提供幫助。最重要的是，他們信任你，對你有信心，這反過來能增強你的自信，為你打開提升技能的機會。

當你在帶領一個團隊的時候，永遠都不要忘記：你曾經作為下屬、由團隊領導者管理的經歷。這蘊藏著很多值得你學習的東西。

從歷史過往來看，上司更傾向於運用「命令和控制」來工作，他們告訴下屬要做什麼，接著獎勵遵守指令的人，懲罰不照辦的人，然而這樣的做法已經開始不管用了，因為如果你的團隊不能為成員的發展提供很好的條件，你最得力的下屬就會轉投他方，讓你損失慘重。

最成功的行銷領導者不只建立一個團隊，他們建立一個社群——一個由有能力且互相支援的成員組成，是一個能共同解決「大問題」的緊密團隊。成員之間相互信任，對自己的能力充滿信心。

摩根大通（JPMorgan Chase）行銷長克里斯汀．萊姆考（Kristin Lemkau）說：「作為一個團隊，你們彼此信任，工作起來會更努力……（團隊成員）覺得自己的工作更有意義；他們能理解工作的價值。」

無論你是品牌經理、行銷經理還是行銷長，你都要致力於打造一個充滿信任和自信的團隊。建立信任占行銷管理者的業務影響力四%，職涯成就的三%。

你可能會想：「重要性只有三%和四%？還比不上技術性的行銷技能。」純粹從研究的角度看，在技能和人格特質方面合理配置人員（見上一章）顯然更加重要，這

行銷管理者的業務影響力和職涯成就的貢獻度

業務影響力	建立信任與自信（4%）
職涯成就	建立信任與自信（3%）

行銷管理者的領導行為對業務影響力和職涯成就的相對權重，占神經網絡模型中所有領導行為的百分比，樣本數量：1,232份。
在我們的研究中，「建立信任與自信」是指授權與合作的團隊領導行為。

資料來源：行銷人員DNA研究，巴塔和巴維斯，2016年（*The Marketer's DNA-study*, Barta and Barwise, 2016）

一點沒錯，不過在本書裡只討論統計顯著性的行為。正如我們將要談論的內容：建立一個充滿信任和自信的團隊，將能明顯提升團隊的工作成效。

在我們的研究中七八%的高階行銷管理者認為：自己有效促進了團隊成員之間的合作。從建立信任和自信的角度來看，這是一個好現象。

但是在別人眼裡，他們是否也認為行銷管理者是信任和自信的關鍵推動者呢？為了更理解這個重要問題，我們深入分析了我們的360度評估數據資料庫，匯總其他人評價行銷管理者是否「賦能他人」和「建造團隊」的十九項領導行為，最後發現一些非常有趣的結果。

總體而言，與其他部門的管理者相比，行銷部門的管理者並沒有在建立信任和自信方面做得更好或更差。來看看我們發現在表現上有差異的部分。

在「組織內部儘量減少不坦率」方面，行銷管理者的得分往往比其他大多數管理者高。這真是一個好消息，因為開放性能幫助他們的團隊更快建立信任，發現問題所在。

在「授權」方面，直接下屬對行銷管理者的評價非常好。管理者們邀請下屬參與決策，允許下屬按照自己的方式工作，並且能寬容主動地承擔下屬的失誤。但是出了行銷部門，行銷管理者善於授權的優點就不明顯了。事實上，在「鼓勵團隊成員自行決策」方面，行銷管理者的上司和同事認為他們的表現低於平均水準。

360度評估的評價還顯示出行銷管理者兩項更為嚴重的不足，一是「管理衝突」，二是「約束自我」（當然，我們不是在說你）。

高階行銷管理者的下屬、上司和同事都表示，在管理衝突上，行銷管理者的表現不及其他部門的管理者。我們在研討會上發現，很多行銷管理者不喜歡衝突，當面對困難的情境時，他們有時會難以應對。

公平地說，處理團隊衝突不是一件愉快的事，但是良好的衝突管理技能對於建立團隊非常重要。而且，學習衝突管理技能也會帶來非常豐厚的回報（我們會在這一章稍後的部分介紹具體的做法）。

在「把團隊利益置於個人目標之前」這方面，下屬、上司和同事也認為行銷管理者的表現低於平均水準。部分行銷管理者是出了名的自我膨脹和自私自利。一位行銷負責人告訴我們：「作為一名行銷管理者，你就是專家，你必須每天都證明你的價值。或許，我們的自我已經習慣於逞強好勝。」雖然行銷管理者的誇耀自我行為是可以理解的，但是把自己的利益放在集體利益之上會破壞信任。所以你要約束自己（稍後也會討論這一點）。

英國郵政行銷長彼得．馬基（Peter Markey）發現，建立一個充滿信任、自信、積極主動、足智多謀的團隊，是行銷管理者成功的強大推力。在職業生涯早期，彼得是公共事業巨擘英國天然氣公司（British Gas）的市場經理，他和團隊的任務是銷售眾多服務：從天然氣到電力，再到家電保險。

彼得作為一個充滿熱情的行銷管理者，他非常深入參與團隊工作的各個方面。他檢查每項活動的流程，針對如何改進提出詳細建議。有時候他甚至會幫助團隊完成工作，只為了加快進度。彼得回憶說：「我覺得作為一名強有力的領導者，我必須管控一切。」

業務的進展非常順利，但是彼得和團隊必須更加努力才能達到公司越來越高的目標。有一年，目標看起來似乎高不可攀，於是彼得對團隊的工作介入更深。某天晚上，一位年輕的辦事人員在路上叫住了彼得：「你的存在讓我的創造力窒息。到處都是你的身影。你告訴我要做什麼，甚至還親自動手。這讓我太洩氣了。」彼得聽完後非常震驚。他從來沒有想到，自己的善意和努力會傷害他想幫助的人。

這次談話結束後，彼得改變了他的做法。他開始給予下屬更多空間，向他們詢問更多建議，然後放手讓他們嘗試。很快地，他的新做法帶來了巨大回報。隨著年關將至，業績仍然存在缺口，彼得向團隊成員尋求增加額外營收的點子。在一次會議上，一名團隊成員提出了一個大膽的想法：為什麼只依靠傳統的直接郵寄，而不用電話行銷來銷售產品和服務呢？團隊迅速展開了測試工作，進而在測試成功的基礎上開闢了高性價比的新銷售管道，幫助團隊達到年度目標。

彼得仍然記得這次的經驗：為下屬提供更多空間能明顯提升工作績效和團隊士氣。他的新做法不僅僅使他成為更優秀的團隊領袖，授權也成了他的職場加速器。彼得現在的口頭禪已經變成：「放手造就卓越。」

在表現最好的行銷團隊中，成員之間都擁有高度的信任和自信。這些是你作為管理者能製造強大影響力的原因。你可以建立一種團隊文化：團隊成員可以說出自己的想法，提出問題，做出決定，承認自己的弱點，通力合作，而不是一盤散沙。

為了比競爭對手提供更好的顧客服務，獲得更大的收益，你需要有一個團隊，是由那些願意與你並肩作戰的領導者們所組成，只有自信的團隊才能做到這一點。

以下是一些如何在團隊中建立信任和自信的建議。其中的許多做法都適用於行銷團隊之外的其他團隊。無論你的職業道路走向何方，我們都確信它們總會派上用場。

信任公式

你信任誰？你為什麼信任他們？

在這本書裡，我們使用一個簡單的信任公式（你從前可能見過），它顯示出要想信任某一位領導者，首先要看到關於他們專業性的證明（專業知識、可靠性等），但只有專業性也不足以讓人信任對方，你還需要了解對方的為人（熟識度）。如果他們說出很多自負的話，人們就會失去對這位領導者的信任。換句話說，透過專業性和熟識度建立起來的所有信任，都會因為自負而大打折扣，只剩下在任何關係中都有的最基本信任。

$$信任=\frac{（專業性 \times 熟識度）}{自負}$$

資料來源：Maister、McKinsey & Company、Barta and Barwise

打造一個充滿信任的團隊十分關鍵。你信任團隊成員，他們才敢於冒險。你也需要團隊成員的信任，因為你希望大家對你坦誠。

很多時候，下屬都會對上司隱瞞一些事情，因為他們不信任對方，不敢把問題和不同意見公開講出來。這在所有的組織裡都是一個「大問題」。組織文化若以威權為導向，這一問題尤其嚴重。

「我遇過最棘手的事情是，人們什麼話都不敢跟我說。」福特公司行銷長吉姆．法利這樣說。相反地，作者派崔克回憶說：「我們有一位管理者對自己的團隊說：『我要的是結果，不是問題。』我們解僱了他，隨後一切情形都改善了。」

你希望你的團隊成員提出想法，然後主動行動，但是你也希望他們在遇到問題時能找你，以此避免造成糟糕的後果，同時能儘快幫助他們找到解決方案。

在所有的組織裡，下屬都會對上司隱瞞問題，而上司也總是低估這種情形的嚴重度——儘管他們對自己的上司也是如此。在運作良好的組織裡，這種問題會少一點，反之，這樣的問題就會多一些。

培育信任和親密的文化非常重要，因為這樣人們就敢於袒露自己的缺點和問題。由於信任的氛圍無法自然而然形成，所以需要透過不懈的努力來強化信任。「包容和信任的文化」與「注重績效和責任的文化」是完全相容的，但是想要兩者兼得——既信任又有績效和責任，你就要為此持續付出努力。

來看看在你的團隊中建立信任的一些實際做法，注意信任公式裡的三個要素。

培養行銷團隊的專業性

顯然，你希望所有的團隊成員都具有專業性（他們也希望你足夠專業）。沒有了專業性，你永遠都打造不出一個自信且成功的團隊。

你是團隊的榜樣。如果你延誤了交貨期，你的團隊也會延誤；如果你開會遲到，你的團隊也會遲到。無論你做什麼，你都會為他們的行為定下基調，所以你要確保：

◎遵守你的承諾，或者不要輕易做出承諾。如果你確實無法兌現承諾，就一定要道歉。

◎遵守規則。嚴格並明確地遵守公司在支出、保密、平等、霸凌與騷擾、健康與安全等方面的規定。你必須嚴肅對待這一點，三令五申，以身作則，對達不到專業標準的表現實施零容忍。

◎不要試圖假裝了解行銷的一切。在現今要這麼做更難了。現實情況是，你的團隊中有許多人都（而且應該）比你更了解他們的工作細節，如果團隊成員知道你不懂很多東西的話，你怎麼保持自己的權威和可信度呢？

你要誇讚每一名團隊成員擁有的知識和技能。你可以藉由詢問開放式問題來讓他們的技能發揮最大價值，並與全局連結起來。這樣的問題有：「這件事我們怎麼做才能做得更好？」、「如何將這件事和其他的行銷活動做配合？它的特殊優勢是什麼？缺點又是什麼？」還有：「它對我們公司的未來有什麼意義？」對方回答後，你一定要立即追問「為什麼」，如果對方了解這個領域，他們就會很樂意告訴你如何幫助解決公司「大問題」。

這聽起來像是顯而易見且非常基本的事情，但是你會驚訝地發現，有太多的行銷管理者很難在專業度上成為團隊成員的榜樣。

我們對專業行為的建議是：去做，別找藉口。

培養親密感

你的團隊成員可以公開談論自己的缺點和遇到的困難嗎？他們可以大方尋求幫助嗎？能達到這種開放性和親密度的團隊是非常有戰鬥力的。

很多團隊都發現，人們很難信任從不袒露個人情感的「完美」領導者。相比之下，願意談論自己缺點的領導者能在團隊裡建立親密感和更多信任，不過談論自己的缺點不是一件容易的事。你能做到哪種程度呢？

◎**在最基本的層面和團隊成員透露你的個人生活**。花點時間談談你的家庭、你的興趣愛好、上次去哪裡度假等等。

◎**求助他人**。像這樣說：「這就是我們的計畫，但是關於○○的技術細節並不是我的強項，所以X，你能出面來做這件事嗎？」當然你這樣做的目的之一是給X一個表現的機會，但是你還有另一個目的，就是向其他成員示範如何大方且自然地揭露自己的技能缺點。你要鼓勵其他團隊成員也這樣做，特別是職位較高的成員。

◎分享你擅長的事情，也分享你不擅長的事情。一些領導者發現，使用像邁爾斯——布里格斯（Meyers-Briggs）這類人格測試，或五大人格特質測試（通常可以免費獲得）來開放討論是很有幫助的做法。跟你的團隊成員坐下來討論測試結果，以及測試結果如何在你的日常工作中呈現出來，這麼做的效果會非常驚人。線上購物網站吉爾特（GILT）執行長蜜雪兒．佩魯索（Michelle Peluso）讓團隊成員分享自己的360度評估測試結果，並且討論如何互相幫助。與專業教練分享測試結果、安排建立信任的研討會，都是幫助人們更加了解自己和同事的好方法。

還是那句話：以身作則。作為管理者，你必須先身體力行，一旦你透露更多自己的缺點，你就為他人做同樣的事情打開了方便之門。

放下你的自負

下屬能十分敏銳地察覺到管理者的自負。自負是信任的天敵。托馬斯回憶說：「公司曾經有一位行銷總監，他第一天上班就把我們的傳真機搬進他的辦公室。他甚至還沒來得及開始工作就失去了我們的信任。」

以下提供一些能淡化自我的做法：

◎把你的大辦公室當成團隊的活動室。
◎讓其他成員出席重要會議，包括和你的上司會談。
◎在危機時刻支援下屬。
◎只在對方方便的時間打電話，特別是當對方位在不同時區時。
◎當你因為工作出色受到嘉獎時，把獎勵和整個團隊分享。

優秀的領導者會確保讓自己的團隊大放光彩。提姆・庫克（Tim Cook）在二〇一五年秋季的蘋果全球開發者大會上發表閉幕演講時，他要求大廳裡所有的蘋果團隊成員站起來。在眾多現場觀眾和線上觀看的數百萬觀眾面前，庫克表示：能和這些「為了改善他人生活而努力工作」的人們共事是種榮幸。這句話價值連城。

幫助團隊成員建立自信

還記得你第一次學騎自行車嗎？也許有個人站在你身後幫你，以免你摔倒。他（她）給你信心再試一次，直到你可以自己騎為止。

英國寶田（Gemfields）礦業公司執行長伊恩．哈爾伯特（Ian Harebottle）說：「人們對於失敗有一種內在的恐懼，因此你要激勵人們相信自己。」這句話很好地概括了作為信心建設者的角色。

你正在激勵一個行銷團隊來拓展「價值區」。為了取得成功，大家需要有信心去冒險。很多管理者高估了他們團隊成員的自信，不要犯這種錯誤。如果你對這一點有疑問，就表示你還有足夠空間來增加行銷團隊的信心。

開始著手建立信任時，你一定要堅持做下去。如果你某一次沒有做到（例如你質疑了採取合理行動的下屬），那麼就一定要道歉，這也是你學習的過程。

作為管理者，為團隊建立信心是你能做的最有價值的事情之一。這方面的最佳代表就是道恩．哈德森（Dawn Hudson），他是百事可樂北美公司前任總裁兼執行長，他在接受訪談時說：「我真的更想成為他們的導師和領導者。這個角色能激勵團隊去實現他們認為自己做不到的事情。」

根據我們多年來與高階行銷團隊的合作經驗，我們在這裡要提供一些建立信心的技巧：

設定新規則：「請求原諒，而非請求准許」

你需要你的團隊去行動並冒險，以此來推動行銷工作，而非團隊總是要先經過你的同意才能去做。有時候他們會犯錯，或者做一些你不喜歡的事情，此時你要做的是接納。「原諒，而非准許」，這是一個強大的法則，對講究創造性的行銷和創新工作必不可少。缺乏積極主動的行銷團隊會三心二意，其中的精英成員很快就會開始另謀他職。

你如何把「原諒，而非准許」的規則付諸實踐？告訴你的團隊成員，雖然你隨時都準備在他們需要的時候提供建議，但是你還是希望他們在工作前少做請示。雖然你喜歡聽到工作進展的報告，但是如果他們能自己做決定，並且勇於冒著一定的風險工作，那麼你也完全不會介意。

如果有人犯了錯，為你或他人惹出麻煩，請接受他們的道歉和解釋，盡可能對他們主動工作的表現給予讚揚。總結他們在這次經歷中學到的經驗，並且與所有團隊成員分享。如此一來，所有人都能從中受益。

團隊成員中可能會有一兩個人很熱血，他們容易頭腦發熱，魯莽行事，若你知道是哪些人，就找他們談談，防止他們闖禍，不過這樣的團隊成員很少。由於害怕失敗，大多數人反而傾向於過分小心謹慎，他們需要你的鼓勵來放開步伐，開創事業。一旦有人冒險成功——尤其是行事極為謹慎的團隊成員，你一定要大張旗鼓地為他們慶祝！

利用每次的行銷會議鼓勵團隊成員

會議一開始，你可以告訴團隊成員他們有多棒，以及你多麼相信他們有能力完成公司的使命，或在會議結束時告訴他們，你對他們的能力感到很放心。以上都是很簡單的事情，但是這麼做能大大地提升團隊成員的自信。嘗試做兩個星期，看看會發生什麼。

所有人都要發言

即使在高度信任的氛圍裡，有的團隊成員還是會保持沉默，這其中的原因很多。有的人可能有點內向，有的人可能剛到公司不久，有的人可能是初學者，也有的人可能在語言上存在障礙（像是工作語言非母語）。

錯過這些團隊成員的想法可能會有很大的損失。行銷玩的是創意，你需要找出最好的點子，而最好的點子可能出自任何一個人。

在做出決定之前，試著要求會議室裡的每個人都說出自己的想法。這是讓發言形成慣例的很好做法，尤其對那些猶豫不決的人來說更是如此。

多指導少說話

在時間緊迫的時候，行銷管理者很容易直接告知下屬該怎麼做，而不是去聽取他們的建議。如果你認為自己是行銷專家，經驗比所有人都豐富，你就更容易會如此做。就算你總是對的，這種做法也不利於團隊成員的成長，而且可能會讓他們心灰意冷，迫使他們去換一個喜歡鼓勵人的上司。

你可以在開會的時候嘗試採用七〇／三〇／〇法則：

◎**七〇%的指導（「你」）**。將你與團隊成員互動中的七〇%轉化為指導。透過問問題和鼓勵進一步思考來幫助他們形成自己的想法。具支持性、開放性、以「你」為中心的問題能鼓勵他們擴展自己的想法。例如：「在你看來，你會如何……?」、「你能再詳細解釋一下嗎?」、「你要怎麼做才能達到這個目的?」

◎三〇%的想法(「我」)。在互動中只有三〇%是你自己的想法和建議,而且最好放在別人發言之後。

◎〇%的打斷(「我」)。不要擔心沒機會發表你自己的觀點,團隊成員會知道你有些話要補充,他們通常會給你發言的機會。如果你發現自己打斷了別人的發言,要立即停下並道歉,然後鼓勵對方繼續講。

從「我」轉換到「你」一段時間。如果你「指導」他們,而不是「告訴」他們,你會驚訝地發現,你的團隊中居然存在那麼多好想法。

教你的團隊成員爭論的藝術

「我如何才能讓我的團隊做出更多的創新?」客戶經常詢問我們這樣的問題。在我們看來,其中的一個關鍵點就是「建設性衝突」。

史丹佛大學管理學教授凱瑟琳.艾森哈特(Kathleen M. Eisenhardt)和她的同事們觀察了矽谷十幾家科技公司的高階管理團隊會議(在這樣的場合中,以顧客為核心的成功創新顯然是最重要的）。他們發現在最成功的企業裡，高階管理團隊懂得如何在不引起爭吵的同時表達自己的不同意見。參考她的研究，我們提出幾個建議來幫你增強團隊信心、提升創新能力。

◎**強調共同目標**。在開會之初，先明白確認共同的目標：如何拓展「價值區」（例如創造利潤增長，或超越占據主導地位的競爭對手）。一旦討論偏離主題或有爭吵發生，就要重申所有人的共同目標。最後，強調團隊在實現共同目標上的進展，並以此來結束會議。

◎**關注當前的事實和數據，而不是想法**。盡可能以證據為基礎展開討論。反過來，如果直覺表達得太早、太感情化，那麼即便是最好的創意也可能會被早早地扼殺。在ＩＢＭ中，由莫達博士（Dharmendra Modha）帶領的研究小組成功製造出一種創新的微晶片架構，其靈感來自於人腦。為了做到更好的創新和合作，團隊成員用不同的顏色來標記電子郵件中的觀點（例如，白色是事實，綠色是想法，紅色是情緒）。這個做法讓所有人都堅持事實和想法，同時避免消極的情緒（積極的情緒是可以的）。

◎**同時探索多種可能的行動方案**。不要太早縮小團隊的選擇範圍，放手讓他們探索不同的路徑和想法，看看你能得到什麼。

◎**建立平衡的權力結構**

不要讓團隊中的重量級人物主導所有的創新工作。相反地，請他們指導那些想要加強創新的成員。這對你的頂尖成員來說是成長的絕佳機會。讓每個人都有機會發言——即使是最沉默或資歷較淺的人，否則不要結束會議。當有人發言時，確保你和其他團隊成員都有認真傾聽。

◎**幫助人們想得更遠**。當你提出問題來擴大他們的思考框架時，你的員工才會成長和創新，如果你直接告訴他們答案，就達不到這個目的。討論下一個專案時，你可以試試以下做法。

告訴你的團隊，你希望由他們提出答案，你只在需要的時候才會過問。在開會時，你不要急於說出自己的想法，而是要傾聽，同時努力激發他人的想法。你可以提一些開放式問題，例如：「如果……你會怎麼做？」或者「我們怎麼做才能……。」並盡可能多問。只有當討論陷入僵局時，你才表達自己的想法（但是要讓你的團隊知道，你是暫時接管討論，以及你這樣做的原因）。

幫助人們開闊思考而不是直接給出答案，這一點可能不容易做到，但效果可能是驚人的。

◎**使用幽默**。談話的基調是由你確立的。幽默可以緩解因分歧而引發的緊張。當事情出現變數時，幽默能發揮極大作用。

你的團隊成員在創新方面信心有多強？他們願意並且能把獨特、不成熟的新想法提出來？還是祕而不宣？面對這些新想法，你是繼續思考來讓它們變得更好？還是說你想方設法反駁新想法？在討論中你會盡可能地尊重事實嗎？還是說你任由自己的臆想和情緒主導討論？

想要培養團隊的創新文化，做法之一是教你的團隊成員展開建設性辯論，而你就是老師，你要以身作則。

處理人際衝突

儘管你已經盡了最大的努力，但是團隊內部還是會發生人際衝突，如果不加以解決，隨著時間的推移，問題會進一步惡化。最初的表現可能並不激烈，例如，兩名成員從不坐在一起，或者總是在討論中打斷對方談話。

相信你的直覺，如果你已經「察覺」到衝突，那麼它的存在就幾乎是肯定的事。你要儘早處理這個問題。一般來說，你可以透過一對一的談話找出衝突的原因，尋求解決方案。如果問題還是無法解決，不要任其拖延下去。在負面影響尚未波及整個團隊之前，你可以求助公司的人力資源或外部專業人士來解決衝突。

設法維持「過得去」的關係

如果你的某一名團隊成員確實很優秀，但是你們私下的關係卻很緊張，此時你就要設法讓這段關係「過得去」，而不是想辦法排擠對方。

有些人的思考和行動方式與你以及大多數人都不相同，有時候這些人正是你所需要的人才。作為行銷管理者，在大多數情況下你對人際關係是非常敏感的，如果你不小心，你對某個人的不喜歡就可能輕易演變為「導致失敗症候群」——由歐洲工商管理學院教授尚—弗朗索瓦．曼佐尼（Jean-François Manzoni）和吉恩．路易．巴蘇（Jean-Louis Barsoux）研究發現。簡單來說，它的意思是：關係從壞到變得更壞，原因僅僅是「你已經認定對方不是好人」，無論對方怎麼做。

挑戰你的假設：你為什麼不喜歡這個人？如果你喜歡他（她）的話，對方的表現會不會更加優秀？把注意力放在積極面，放鬆一下，關係或許能得到改善。退一步講，你又不必跟他（她）去度假。

你可以把這個人安排到你所在的專案小組，同時加入另一個和你們兩人關係都不錯的人。這個第三人既可以充當聯絡人，還可以成為緩衝器！如果遇到比較嚴重的問題，就請專業人士來解決。即使你私底下不喜歡某些人，他們也可能是團隊的重要資產。你要設法維持「過得去」的關係，幫助他們提升自信，你的努力不會白費的。

成為「情緒長」

指揮管絃樂隊講究技術和藝術，同時講究情感。如果指揮緊張，樂隊也會緊張。相反地，一位信心滿滿的樂隊指揮能讓極為普通的演奏者超越水準。

你是行銷團隊的指揮，所有的目光都集中在你身上。你擔任行銷管理者的部分職責就是成為「情緒長」。

在每一次團隊互動之前問自己：「我想給團隊成員帶來怎樣的感受？」幾乎可以肯定地說，你會希望他們感到自信、樂觀和被肯定。你要以身作則，帶著同樣的自信和樂觀，給予他們充分的鼓勵和讚揚。只要情況允許，你就不要吝惜自己的讚美之詞。如果工作遇到困難，你也要幫助團隊成員舒緩負面情緒。

你必須回答的關鍵問題

高效的行銷領導者建立團隊的信任和自信。問自己這些問題：

團隊成員的相互信任

◎你有沒有以身作則，成為團隊在專業性方面的榜樣？你守時嗎？你做事可靠嗎？你嚴格遵守公司規定嗎？

◎你是否在團隊中營造了輕鬆的氛圍，讓人們可以公開談論各種問題？

◎你有沒有把你的自負控制在不傷害團隊信任的範圍內？

團隊成員的自信

◎你是否會在開會一開始就表達自己對團隊成員的信心？

◎你確定你的所有團隊成員都表達了自己的想法嗎？

◎你是更常「告知」（我）還是更常「指導」（你）？

◎你的團隊是否進行建設性的辯論以求獲得更好的結果？

◎你有沒有處理團隊成員之間的人際衝突？

◎你是否與不喜歡的人維持「過得去」的關係？

◎你是你團隊的情緒長嗎？

你可以在以下網址下載這些問題：www.marketingleader.org/download（英文網站）

法則9：訴諸結果

我如何做到公正？

鑑於這一章的主題，我們先來談談數據。在我們的研究中，整合團隊成員目標與公司目標，並督促團隊成員達到目標（訴諸結果），這是高階行銷管理者業務影響力的重要驅動因素（貢獻度為六％），這一點對行銷管理者的職涯成就作用更大（貢獻度為九％）。要想動員你的團隊，你就要抓牢績效。

但是「訴諸結果」是許多行銷管理者的弱項，也是很多高階管理層不信任行銷管理者的原因之一。

現在我們讓你看一些數據。如果你是一名行銷管理者，你就會知道這些數據並不

行銷管理者的業務影響力和職涯成就的貢獻度

業務影響力	訴諸結果（6%）
職涯成就	訴諸結果（9%）

行銷管理者的領導行為對業務影響力和職涯成就的相對權重，占神經網絡模型中所有領導行為的百分比，樣本數量：1,232份。

在我們的研究中，「訴諸結果」主要是指將目標、激勵與公司的優先事項統合起來，並將工作成果作為績效管理的標準。

資料來源：行銷人員DNA研究，巴塔和巴維斯，2016年（*The Marketer's DNA-study*, Barta and Barwise, 2016）

好看，然而你也不必為此灰心失望。我們可以很有把握地說，只要肯付出必要的努力，任何一位行銷管理者都能提升自己的績效管理程度。

在我們的研究中，只有五七%的高階行銷管理者認為自己擅長整合團隊目標與公司的優先事項。另外，只有六三%的行銷管理者認為，他們主要根據工作成果管理自己的團隊。

在他人眼中，行銷管理者是否擅長績效管理呢？我們的360度評估資料庫中的回答不是很好。我們先考察了上司和同事對行銷管理者的評估，評估內容是關於「設計與整合」（例如制定績效標準）以及「獎勵與回饋」（例如根據績效設定報酬）兩大類別的十五項領導行為。上司和同事們幾乎都認為，其他部門的管理者比行銷管理者在以下方面做得更好：

◎管理績效標準
◎貫徹公司的基本價值
◎根據實際表現給予薪酬

只有五四%的上司認為行銷管理者為下屬設定了較高的績效標準。以財務管理者和銷售管理者來做比較，這個數字分別為六〇%和五九%，差別雖然不大，但仍舊能說明問題點。

由此可知，行銷管理者的上司和同事認為他們並不擅長績效管理。那麼他們的團隊成員如何看待這一點呢？

當我們比較行銷管理者和其他部門管理者的下屬的評價時，結果也顯示了同樣的情形：行銷管理者的下屬不認為自己的主管是優秀的績效管理者。在「設定明確目標」、「公平薪酬」以及「使用正確的制度激發有效行為」這些方面，其他部門的管理者似乎做得更好（見圖9-1）。

「訴諸結果」往往是很多行銷管理者最棘手的挑戰，因為他們得硬著頭皮做出決定。而且在行銷領域中，產品或服務的市場表現幾乎少不了「運氣」的成分，所以狠

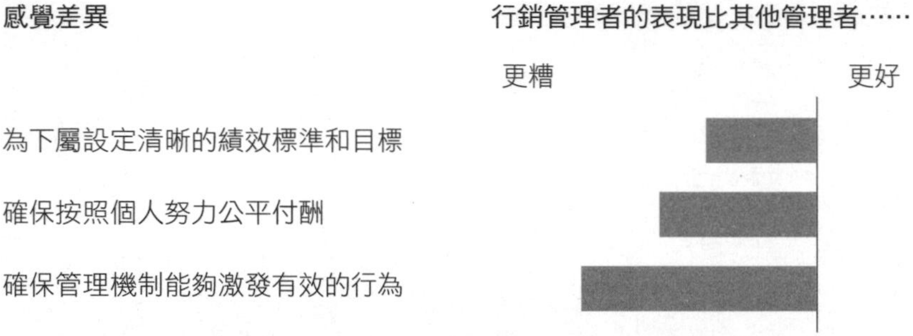

圖9-1　下屬眼中行銷管理者和其他管理者的表現對比

下心來公事公辦就會變得難上加難。

很多行銷長都和我們說，他們不想對自己的下屬過分苛刻，這或許是錯誤的做法。作為一名領導者，你要為團隊的績效負責，如果目標設定得既有挑戰性又不脫離實際，如果有人關心他們的績效，如果他們能公平地根據結果獲得報酬，那麼大多數人都會鼓足幹勁，在工作中表現出上乘的水準。聯想集團亞太地區行銷長尼克・雷諾茲（Nick Reynolds）表示，他們的企業文化是「績效導向」，而不是「政略路線」。尼克說他喜歡這樣的方式。

很多行銷管理者都認為績效管理非常棘手，我們提出了更全面的建議，你會發現績效管理並不像火箭科學那樣深奧，不過你確實需要對此加以重視、付出努力，同時還要做到以事實為依據（這是最重要的）。這三點與凱瑟琳・艾森哈特在矽谷觀察到的一致。現在我們來看艾倫・穆拉利（Alan Mulally）和呂克・維亞爾多（Luc Viardot）的案例。

事實的力量

也許你還記得挽救公司於水火的福特汽車公司執行長艾倫・穆拉利。二〇〇六年，他在公司接近破產時上任，引入了他稱之為「營運計畫檢視」（BPR）的機制。每一週，公司全球各地的業務和部門管理者都會聚在一起，針對財務目標和關鍵營運項目更新公司的經營現狀。穆拉利的職位是執行長，正如我們即將介紹的內容，他採取的行動能為行銷管理者帶來非常有價值的啟發。

一開始，穆拉利透明而嚴謹的行事方式不出所料地遭遇大量抵制。一些人不喜歡他這麼做，而且很多人最初都隱瞞了真實的數據。穆拉利的態度十分堅決，威脅要解僱拒絕回應的人，同時公開讚揚那些坦白說出自己問題並尋求幫助的人。

穆拉利後來回憶說：「營運計畫檢視是基礎。它打開了一扇奇妙的窗戶，透過它，整個團隊都明明白白看清楚正在發生的一切。」

不只是像穆拉利這樣的執行長能藉由事實、數據和嚴格的後續行動改變公司的命運，行銷管理者也可以如法炮製，荷蘭塗料公司阿克蘇諾貝爾（Akzo Nobel）的行銷經理呂克・維亞爾多就是這樣做。

二〇一二年，呂克加入公司擔任產品行銷經理時，阿克蘇諾貝爾公司正面臨嚴峻的商業形勢。即將公布的新法規將禁止生產雙酚A，這是一種廣泛應用於鋁製和鐵製罐頭塗層的原料。

阿克蘇是這個產業中幾家大型企業之一，產品用於可口可樂、百事可樂和雀巢等品牌的數十億罐裝產品上。在二〇一二年，那份顯示雙酚A存在潛在風險的科學研究似乎不夠可靠。而且當時還沒有哪家企業擁有完全符合標準的替代原料。當第一份禁令（儘管存在爭議）頒布後，法國市場不再接受這個原料。阿克蘇和競爭對手都面臨了巨大的挑戰：要麼在二〇一五年之前找到替代原料，要麼丟掉生意。

呂克的首要任務是幫助解決雙酚A問題。他與團隊一起徹底弄清楚當前的現狀、成功的可能性和所有創新計畫的潛力。呂克提供的數據資料在數週內證明，在現有的二百個替代原料研究計畫中，大部分都毫無希望。呂克反覆講述自己的分析，幫助阿克蘇的管理團隊砍掉了七成以上的計畫項目，把資源集中在最有前途的計畫上。

在「大幅度集中資源」的基礎上，阿克蘇團隊終於及時研發出雙酚A的替代品，保住手上的業務。

呂克回憶說：「一開始，沒有人看得清形勢，我們必須把問題搞清楚。我們的數據幫助我們說服了質疑者，把所有精力集中在最有可能成功的計畫上。」

此後，呂克將他的這個透明化方法運用在日後的工作中。每年制定年度策略時，他都會先與全球各地的團隊配合，在每個關鍵市場展開深入的現狀調查（例如顧客開發）。然後，他會在掌握這些事實的基礎上制定全球策略，接著與各地區團隊合作，在考量市場的獨特需求後，制定一致的區域策略。

呂克每兩個月就會舉辦一次營運計畫檢視會議，與所有地區的高層管理者討論關鍵事項的進展（績效和問題）。在會議上，為了幫助與會者保持專注，呂克和他的團隊使用很少的幻燈片，用綠色和紅色標示計畫的狀態。時至今日，嚴格且基於事實的行銷管理仍是阿克蘇強勁業績背後的關鍵動力。

行銷管理者經常告訴我們，他們無權對公司的最高階層管理團隊做營運計畫檢視。這裡透露一個祕密：呂克也沒有這個權力。不過他和他的老闆說服其他高階管理者，最終才成功舉行每兩個月一次的營運計畫檢視會議。同時，他們還提出由行銷部門來準備並主導，後來事情正是這樣發展的。

如果團隊領導者在管理中看重工作成果，團隊就會獲得更高的績效。他們的工作會集中在焦點上，努力按時完成。他們的團隊成員不會拿別人的失敗當作藉口來拖延。全體成員都努力工作，因為這麼做能贏得團隊管理者和其他成員真誠的欽佩和讚賞。在這樣的團隊裡，想要吸引和留住有能力、有抱負的人才會更加容易。

事實就是如此，雖然面對現實有時會讓人感到不適，但是這麼做對提高團隊績效非常重要。而且不要忘記，打造績效導向的文化是推動行銷管理者業務影響力和職涯成就的重要力量。

以下是一些具體的做法，你可以用它們來成為一名更優秀且注重績效的領導者。此外，我們知道以下很多做法可能看上去都只是常識，但是請相信我們，在大多數行銷團隊裡，這些方法都不常見。

打造績效文化

為所有的任務設定目標和完成期限，包括小任務在內

充滿挑戰性但又較為實際的工作期限，能幫助人們把注意力集中在重要的事情上。這樣的期限能激發人的潛能，製造緊張感。

試試以下做法。從現在開始，為團隊成員必須完成的任何事項設定明確目標和完成期限，包括小事情。起初這麼做會顯得有點「小題大做」，但是無處不在的「最後期限」會形成一種氛圍，讓人們知道績效是無比重要的事。

一旦績效得到提升，你就可以放鬆一點，只為關鍵事項設定目標和完成期限。

跟進完成期限

奇怪的是，很多行銷管理者設定了最後期限，卻沒有去追蹤進度。「被遺忘的期限」對團隊績效會產生災難性的影響。

如果你不善於跟進最後期限，就請你的助理整理並記錄所有約定好的期限，每天

早上查看當天有哪些最後期限，然後去詢問完成的情況。一旦你能好好追蹤截止日期，你就可以只關注關鍵事項的最後期限。

如果有工作超過了截止期限，你就要進一步監督詢問，這麼做有利於打造績效導向的文化，同時團隊成員的信心也會增強，因為所有人都清楚知道：你想要他們怎麼做。

簡化會議記錄

真的要這樣做嗎？以下是一個大膽的做法，把大家的注意力從會議的討論過程集中到最後的行動上（會議記錄是一個苦差事，沒人願意做，事後也沒人願意去回顧）：

◎在每次開會的時候，找一名團隊成員記錄最重要的決議，包括重點事項、目標和截止期限（但不記錄誰說了什麼，以及為什麼要做出這一決定）。

◎會議結束時，請這名團隊成員大聲宣讀待辦事項清單，讓每一位與會者知曉自己的待辦事項。

◎下一次開會時，再次找人大聲宣讀這些待辦事項，以提醒每一個人。例行宣讀待辦事項非常重要！如果團隊成員知道你會提醒每個人完成各自的任務，他們就更有可能記住並完成自己的待辦事項。

試試這個做法，堅持幾週。你會驚訝地發現，這個簡單的做法讓事情變得更明朗，同時還節省大量時間。

在時間安排方面與所有團隊成員達成共識

常規的工作說明雖然非常重要，但是一旦開始從事行銷，工作說明中的大部分內容就很容易被忘記。顯然，工作說明對於確認每日事項的優先順序並不是很有幫助。

除了常規的工作說明之外，我們建議你每隔三個月到半年時間，就分別與每一位下屬討論兩個簡單的問題：

◎問題一：在接下來的三個月到半年裡，為了幫助團隊拓展「價值區」，你即將完成的最重要工作是什麼？

◎問題二：你會花多少時間（以百分比形式）來實現這個目標？

提出這兩個問題可以讓團隊成員專注在最重要的事情。如果有人要求他們做一些次要的事，這也能幫助他們做出回絕。

經常慶祝成功（不只是一年一次）

運動員在贏得比賽後會得到獎牌，還會互相噴香檳來慶祝。重要的是，這些獎勵是公開的。你也要為團隊做同樣的事情（或許香檳酒就不用噴了）。

以績效為導向的文化要有慶祝成功的儀式表現。每個星期你都應該至少找一件事情來慶祝，即便只是發出一封鼓舞人心的電子郵件給大家。為了確保慶祝活動能持續進行，你的助理在每週五都應該問你：「本週我們要慶祝哪些事項？」

積極主動的稱讚和慶祝成功，會讓所有人都沉浸在振奮人心、當之無愧的氛圍裡。這種氛圍能推動你的行銷團隊去爭取更多成功，因為他們已經愛上了這種感覺。

讓人們承擔責任

心理學家史金納（B. F. Skinner）曾經說過：「行為是由結果所決定。」當然，史金納的實驗對象主要是老鼠和鴿子，但是同樣的行為原則在很多情況下也適用於人類。

例如，我們都見過這樣的父母。他們向孩子許諾，如果孩子刷牙、在火車上安安靜靜地，或是做其他事情，他們就會給孩子獎勵。當孩子們尖叫著跑來跑去，而沒有按照父母的要求去做，父母會讓步，仍然給孩子獎勵，以此來讓孩子們保持安靜。然而對孩子們來說，得到獎勵的反而是他們的調皮行為。

成年人與孩子真的沒有太大的區別。如果我們覺得有些事不做也沒什麼大不了的，就會忽視那些我們不願意去做的事。我們來看看這種行為模式對行銷管理者和團隊成員的影響。

我們提過，很多行銷管理者從感情上很難對團隊成員問責。例如，有的人超支預算，他們卻裝作沒看見；計畫一拖再拖，他們卻不去追問其中緣由；他們還會接受任何能解釋失敗的藉口；或者他們設定了目標，卻不去監督執行。

雖然這麼做能暫時避免把關係弄僵，但是最終卻不得不接受你不想要的惡劣結果。工作不得力的成員在績效上不僅沒有提升，反而每況愈下。更糟糕的是，完成工作的成員會覺得受到冷落和不公平的對待。

在這種情況下，行銷負責人需要重新評估成員的工作。在績效方面公事公辦並不代表你不近人情。我們同意摩根大通行銷長克里斯汀・萊姆考的意見：「人們只想知道你是否關心他們，關心他們的表現之一就是對他們誠實，或者在他們遇到困難不適合勝任職務時，直接告訴他們這一點。只要他們知道你在乎他們，那麼無論你是友善還是嚴厲，他們都能接受。」

作為團隊的負責人，人們會希望你公正、透明、一以貫之。你不僅可以提供他們支援，也仍然需要對他們進行考核績效。

這裡有一些方法可以幫助你讓他們承擔責任。

評估團隊成員（不接受任何藉口）

從原則上說，所有的團隊成員每年至少要接受一次年度考核，以及在兩次年度考核之間接受二到三次的簡短考核。然而在實際操作中，這些考核往往不會被實行，至少也是拖了又拖。

如果考核時間不固定，團隊成員就無法在工作績效和待改進之處及時得到公司的回饋。更糟的是，這麼做還會讓團隊成員感到不受重視。定期考核不是人力資源部門的工作，是你的工作。

採用事實和具體結果來考核績效

我們很難根據模糊的目標來評估團隊成員的績效。例如，「我們需要擴大品牌影響力」，或者「讓我們提升留住顧客的能力」。

在行銷團隊裡，目標要盡可能與你正在處理的「價值區」內的「大問題」有關。它們應該是客觀，而且最好是可以量化的。典型的目標有市場占有率、相對價格、品牌偏好、年度顧客維護百分比和預算內按時交付。

行銷管理者經常告訴我們，行銷目標很難量化，但是當我們接觸到他們的團隊成員和工作時，我們發現大多數工作（不管是什麼）其實都能得到有效的測量。

唯一的限制條件是：測量有時需要加入某個定性的面向。例如，團隊的目標是「將X產品的營收增加Y％」，那麼你可以規定，這個目標必須在不漲價或不過度促銷下來達成。

在一個擁有共同價值觀、運作良好的團隊裡，這個定性的面向應該要顯而易見，並且可以不言自明。但是，如果你帶領的是一個新成立的團隊，你可能就要在定量目標之外說明定性目標。

測量要盡可能考慮外部條件。例如，與銷售額相比，市場占有率可能是一個更理想的指標。設定量化目標需要在一開始付出更多努力，所幸量化目標非常清晰而且容易考核。根據行銷領域的經驗法則，在團隊成員的目標中至少有一半應該是定量的。

考慮由他人考核你的團隊成員

與考核有關的一個「大問題」就是你自己。在考核直接下屬時，你做不到完全中立，絕對做不到。由於是你帶領他們工作，所以你對每一位下屬的考核同時是對你自己考核。

為了解決這個問題，我們幫助很多行銷管理者找到一種更有效的考核機制。

在這個方法中，行銷管理者與其他部門管理者交叉考核彼此的團隊。例如，你考核財務團隊，IT部門負責人考核你的團隊，而財務管理者考核IT部門團隊。

這個考核機制實際如何操作呢？

假設，你作為行銷管理者已經同意評估一名財務團隊的成員。首先，你要直接與對方談話，詢問對方的工作目標，以及過去一年的完成情況。

然後，你與對方的上司、同事和下屬談話，以此來全面了解被考核人的表現。為了增加客觀性，你也可以查看對方的全部資料（如果有的話）。接下來，你要對這名員工的工作情況做深入、有證據的評價。

最後，你要與考核自己團隊的管理者同事（加上一名人力資源人員）會面，針對被考核人的績效和分數達成共識。

這種交叉考核機制有很多優點。其一，考核本身會更加客觀和嚴謹。其二，你可能會發現從前沒有意識到或未能解決的團隊績效問題。最後，你還能了解其他部門管理者如何帶領和考核他們的團隊成員。

與傳統的「內部考核」方式相比，「交叉考核」花費的時間要多一些，但是很多嘗試過「交叉考核」的團隊都不想再換回從前的方式。

一位客戶告訴我們：「一開始，我覺得這麼做完全不可靠，這得花掉多少時間？不過我現在已經完全相信，新的做法更加公平，我們也能得到更多的收穫。我再也不想回頭去做內部考核了。」

繪製職業生涯發展圖

在為一家企業工作的時候，你有沒有這樣的感受：「沒人關心我的職涯發展。」之所以會有這種感覺，一定是因為領導者做了什麼，或者沒做什麼。在行銷領域中，這種情況似乎尤為普遍。

最近我們遇到一位人資總監，他甚至告訴我們：「我們不做職業生涯規劃，它只能提高期望。」我們強烈反對這種思考方式。首先，我們認為只要員工的想法沒有脫離現實，提高他們的期望通常是一件好事，就算他們的想法脫離現實，你採取的措施也應該是要給予適當的回饋。其次，對於有潛力的行銷人員來說，如果你不幫助他們管理他們的職業生涯，他們就很有可能主動掌握自己的命運，跳槽到別的公司。

職業生涯規劃不像火箭科學般深奧，你可以與人力資源顧問一起為團隊繪製職業生涯發展圖。從實際操作來看，這就是說每年你都要與人力資源部門開一兩次會，討論下屬的職涯發展、你對他們的期望，以及可能做出的調動或升遷（下屬不在場）。要求你的下屬也對自己的團隊成員做同樣事情，並將結果告知你。因為這關係到人才開發、繼任規劃，以及預測可能出現什麼問題。

你可以舉辦一場關於職業生涯發展的討論，讓所有人對此有清晰的整體認識，也藉此機會與團隊成員開誠布公討論這個話題。

所有人都知道，管理行銷人才在任何組織裡都不是「完美的」，但是職業生涯發展圖能讓整個團隊在這方面邁出一大步。

尋找方法來獎勵實際的成果（而不僅僅是努力）

對於大多數行銷人員來說，依據成果的獎勵實為罕見。許多行銷人員告訴我們，他們的年度獎金與他們的個人業績幾乎沒有關係。我們能夠理解，要改變獎勵機制並不簡單，這樣的機制通常是來自全公司的決定。

因此，作為團隊的領導者，你必須站出來支持你的團隊。此時你需要做到兩件事：

一、你必須向你的上司提出充分理由，支持「依據績效實施獎勵」的做法。

二、你必須掌握能呈現團隊業績的數字，以此來支撐你的建議。

作為優秀的團隊領導者，你必須竭盡所能，努力獎勵團隊成員所發揮的獨特影響力。

準備當「惡人」

作為行銷管理者，有時你必須解僱員工。如果你不是精神病患者，你就肯定不會喜歡做這樣的事，尤其當對方是你喜歡的人，不過這就是工作的一部分。

在一些情況下，你會犯的最嚴重的錯誤就是逃避當「惡人」。傑西卡是一家大型非營利組織的行銷主管，她最頭疼的團隊成員是肯。一年前，傑西卡聘用了肯，儘管她想盡辦法來培訓他，他還是經常無法完成工作，並且對工作毫無熱情。傑西卡打心底知道，肯是不會改變的，但是萬一自己判斷錯了呢？是不是自己忽略了什麼事情？於是她決定再試一次。

在與人力資源經理商談後，他們達成了共識，再給肯三個月時間來證明他的能力。他們每週都會進行一次輔導，肯可以和他們討論問題並獲得幫助。

對肯的一切安排看起來很完善，然而不幸的是，這麼做還是沒有效果，因為在大部分的輔導時間，肯都遲到了。有一次，傑西卡還在走廊上聽到他抱怨這個組織。他的績效毫無起色，並且正在毒化整個團隊的氛圍。她無法忍受事情再這樣下去。

傑西卡找來肯和人力資源經理開會。她深吸一口氣說：「肯，恐怕要告訴你壞消息了。」（順便說一句，善良的人不喜歡解僱人，往往一張口就拐彎抹角。事實上，傑西卡的做法很好，也就是直接告知對方是壞消息。壞消息是早晚都要說的，長痛不如短痛。）

「這次會議是討論你的離職問題，」傑西卡繼續說，「對不起。我們會盡所能來幫你平穩度過。」肯看上去一點都不驚訝。他說，他覺得非營利機構不是他應該待的地方，對他來說離職是好事。

對團隊來說，肯的離開是一個極大的安慰。傑西卡立即感受到團隊的變化，團隊成員也意識到，雖然理解和支持非常重要，但問責必不可少。下一次她會更早充當這個「惡人」。

如果有團隊成員表現不佳，你要先努力找出其中原因，也許是團隊成員需要幫助，像是他們承擔了錯誤的角色，或個人感情出現問題。提供輔導和支持後，局面可能就此扭轉，但如果這麼做發揮不了作用，你就要給他們一個明確的警告，並制定可衡量的改進目標。如果他們的績效仍舊沒有起色，你就要嚴格審問自己是否盡了全力，他們是否更適合其他職位。

之後情況若還是沒有改善的話，你就要與人力資源部門緊密合作，讓問題成員離開公司。

你必須回答的關鍵問題

作為一名行銷管理者，對團隊「訴諸結果」、承擔督促的法官角色或許會讓你感到不適，但是如果你真的想拓展公司的「價值區」——顧客需求與公司需求的交集，你就必須設定績效標準並實施考核。營造績效導向的文化和督促問責，這對管理者的成長和成功非常重要。思考下面這些問題：

團隊績效

◎你經常設定完成任務的最後期限嗎？

◎你經常追蹤任務能否在最後期限之前完成嗎？

◎你是否記錄並追蹤會議上達成的決議，而不是像「流水帳」般記錄會議？

◎你是否認同下屬分配時間的方式？

◎你是否經常公開慶祝團隊取得的成績？

團隊責任

◎你是否定期考核你的團隊且從不拖延？

◎你的團隊績效考核是以「事實和成果」為考核依據嗎？

◎其他部門的領導者有沒有幫助你進行團隊考核，好讓判斷更加客觀？

◎你是否繪製了職業生涯發展圖，並定期展開相關的討論？

◎你設置的團隊獎勵是否與工作成果直接相關？

◎如果一名團隊成員總是無法完成工作，你會充當「惡人」在必要時請對方離開公司嗎？

你可以在以下網址下載這些問題：www.marketingleader.org/download（英文網站）

我們已經在這本書的大部分篇幅裡討論如何策動你的上司、同事和團隊來拓展「價值區」，對你來說這是一段艱辛但充滿神奇的旅程。你能從哪裡找到動員他人的能量呢？現在我們來看看，你如何動員一個特別重要的人——你自己。

第四部

策動你自己

夢想終究也是計畫的一種形式。

——美國女權先鋒葛羅莉亞・史坦能（Gloria Steinem）

法則10：愛上自己的工作

我如何用專業來激勵他人？

我們已經強調過，你要動員你的上司、同事和團隊來幫助公司拓展顧客需求與公司需求之間的交集（「價值區」），但是拓展「價值區」可能需要花費大量的時間和精力。唯有喜歡自己做的事情，並且他人能看到你充滿熱情的模樣，你才能成功且持續地策動他人。

作為行銷管理者，你從事的是「激勵他人」的事業。想想看，你的上司可能會否定你的想法，你的同事可能會忽視你的意見，你的團隊成員也可能因為不認同你而反對你或甚至離開（例如三心二意地工作，甚至辭職）。

激勵是行銷領導力的重要部分，但是你要怎麼做才能動員他人呢？實際上很簡單，要想動員他人，你必須要先動員你自己。就是如此簡單。

嘗試以下的做法。思考一個你不太關心的話題，例如工作中的無聊事務、報稅等你不感興趣的事情。然後站在鏡子前面，想像鏡子裡的影子是你的一位同事，用三十秒與這位同事聊聊這個話題。當你說話的時候，仔細看著鏡子裡的臉。你看到了什麼？

接下來，思考一個你真正有興趣、能讓你感到激動和興奮的事情。再次與鏡子裡的同事談三十秒，只是這次談論的是你感興趣的話題。你看到兩者的區別了嗎？我們確信，在後者的情況下，你的臉上會表現出更多興奮。此時，你眼中閃爍的活力就是鼓舞人心的力量。如果他人看到在你眼裡閃爍的力量，他們就會受到你的鼓舞。

你眼中的力量非常容易被發現，而且很難偽裝。人類的身體語言和臉部表情非常微妙、複雜，即使是最強大的電腦也做不到完全的模擬（目前還做不到）。這就是電影中虛擬人物仍然無法取代人類演員的原因，它們給人的感覺非常不真實。

策動他人的關鍵在於：你自己要擁有鼓舞人心的力量。除此之外別無他法。

在後面的章節裡，我們將分別討論這個法則的三大來源。首先是知識（顧客、產

行銷管理者的業務影響力和職涯成就的貢獻度

業務影響力	愛上你的工作（18%）
職涯成就	愛上你的工作（9%）

行銷管理者的領導行為對業務影響力和職涯成就的相對權重，占神經網絡模型中所有領導行為的百分比，樣本數量：1,232份。

在我們的研究中，「愛上你的工作」主要指擁有關於顧客、產業和公司產品的知識。

資料來源：行銷人員DNA研究，巴塔和巴維斯，2016年（*The Marketer's DNA-study*, Barta and Barwise, 2016）

品、市場），然後是你的個人偏好（有什麼事情讓你興奮莫名），最後是你的願景。這三個來源——知識、偏好和願景，都可以成為你的力量源泉。正如我們要講述的內容，鼓舞人心的力量是你作為行銷管理者的最強大武器。

最強大的靈感來源：知識

對於行銷管理者來說，知識是指什麼？它為什麼對你有激勵作用？了解關於顧客、市場和公司產品的「是什麼」、「為什麼」和「如何做」等問題，是你最重要的資本。你每天工作為的就是獲取這些知識。

要想幫助公司拓展「價值區」，你必須知道顧客需要什麼，為什麼需要，以及他們如何做購買的決定。你還必須了解你的競爭對手在做什麼，為什麼要做，以及如何做。若想在產品行銷上有所創新，你還得了解產品本身，理解為什麼會有這樣的產品存在，並且要在相當程度上知道產品的製造過程。這些細節能為你提供靈感，使你成為專家。你知道得越多，就能做得越好。

這一點都不奇怪，對於我們研究中的行銷管理者來說，知識（我們稱之為「愛上你的工作」）是非常重要的。它對行銷管理者業務影響力的貢獻度為一八％，對職涯成就的貢獻度為九％。當你把這些數字與其他行銷領導力法則的重要性相對比時，你會立即發現，知識對你的成功來說非常關鍵。

深入探勘我們的研究數據時，我們發現了一個明顯的悖論：對你的業務影響力來說，最重要的影響因素是你對顧客和市場的了解，但是對你的職涯成就來說，最重要的影響因素是你對公司產品的了解。

我們來深入分析這個悖論。正如我們所說的，對於你的業務影響力來說，了解顧客和了解市場都非常重要，僅「顧客知識」一項就占了九％的貢獻度，而「市場知識」占了六％的貢獻度。

當談及職涯成就時，你的產品知識貢獻度就占據了首位。引人注意的是，顧客知

行銷管理者的業務影響力和職涯成就的貢獻度（愛上你的工作）

業務影響力	顧客知識（9%） 市場知識（6%） 產品知識（2%）
職涯成就	顧客知識（1%） 市場知識（3%） 產品知識（6%）
行銷管理者的領導行為對業務影響力和職涯成就的相對權重，占神經網絡模型中所有領導行為的百分比，樣本數量：1,232份。 三者相加後的數字與前一份表格中的數字之所以有差異，是由於四捨五入的緣故。	

資料來源：行銷人員DNA研究，巴塔和巴維斯，2016年（*The Marketer's DNA-study*, Barta and Barwise, 2016）

識和市場知識對高階行銷管理者的職涯成就來說，兩者都不是強大的推動力，而產品知識的貢獻度卻高達六%。

有人可能會認為，了解顧客和市場的行銷管理者更容易晉升，然而事實並非如此。要想升到更高的位置，還必須熟知公司的產品。

你或許猜到了，在我們研究的高階行銷管理者中，七四%的人認為自己了解顧客，八〇%的人認為自己了解市場。這是個好消息（儘管我們一度期待這個數字能超過九〇%）。認為自己熟知公司產品的高階行銷管理者比例較低，只有六九%。對於想擁有更好職涯前景的行銷人員來說，這個數字應該更高。

但是在公司內部，其他人是否認為行銷管理者真的了解顧客和市場呢？答案是否定的，這是一個問題。最近經濟學人智庫對三百八十九位企業高層管理者做了一項調查：「在你們公司裡，誰能代表顧客的聲音？」只有三二%的高階管理者首先列出他們的行銷負責人。

同樣地，在我們的研究中，只有六五%的行銷管理者的上司表示，他們的行銷管理者能夠「確保行銷團隊知道到『了解並滿足顧客需求』的重要性」。這個數字落後於銷售管理者（七四%）和總經理（七〇%）。

想成為一名能激勵他人的行銷管理者，你就必須成為公司中最了解顧客、市場和公司產品的專家。這一點非常重要。

用新加坡郵政執行長沃爾夫岡．拜爾（Wolfgang Baier）的話來說：「如果你了解你的顧客，那麼組織中的每個人都會想和你打交道。」

如果你還在尋找充實自身知識的做法，可以看看下面這些實際的建議。

成為了解顧客的人

在寫這本書的時候，有一個問題始終困擾著我們：我們是否應該專設一個章節來討論關於顧客的知識？畢竟這是一本寫給行銷人員看的書。告訴行銷管理者顧客有多重要，不就像告訴魚游泳有多重要一樣蠢？

事實並非如此。正如我們看到的，並不是每一位高階行銷管理者都很了解顧客。就算是最成功的公司也曾經對用戶知之甚少。

二〇〇〇年，當雷夫利（A.G. Lafley）開始執掌寶僑公司時，公司超過八〇%的產品投放失敗。他的轉型策略重頭戲之一，是一項名為「顧客是老闆」（The consumer is the boss）的計畫，它重新強調了解顧客的重要性。他們運用多種研究方法蒐集訊息，公司的管理者們還花費大量時間直接與顧客交流。

以下有一些做法可以讓你更了解顧客（市場研究仍舊很重要，這裡就不贅述了）。

不要從行銷開始

要想做到「深入理解顧客、市場和公司產品」，有一個極好的方法是：在新工作開始前，先把時間花在行銷部門之外的事。換句話說，你要先從了解組織中的其他部門來開始。

有一位行銷負責人，我們稱他為大衛。他告訴我們，他剛進入一家美國鋼鐵製造商時，他的上司——營運長，要求他不要馬上進入行銷部門。

這位營運長告訴大衛：「你了解行銷，但是對於鋼鐵，你完全是個新手。如果你不趕快了解基本的技術知識、產品、顧客，還有這個市場如何運作，這個公司裡就沒有你說話的份。你怎麼知道哪些東西重要，哪些不重要？」

起初，營運長的建議讓大衛很生氣，畢竟他認為自己是一個出色的行銷管理者，最後他還是同意先到行銷以外的部門進行為期五週的見習工作。事實證明，這是他職業生涯中最明智的決定之一。

他先進入的是售後服務團隊。在這個部門時，他發現顧客對公司的服務很不滿意，隨便一個人都有不愉快的經歷可以講。「所有的顧客都說，我們公司很大，」大衛說，「但我們不是最好的公司。我們做事效率很低，跟我們打交道讓人很不放心。」

在銷售部門時，他看到這個產業對爭取大客戶的競爭已經白熱化，而且競爭幾乎完全集中在價格上。為了打敗競爭對手，銷售團隊急需新的鋼鐵品種、更優惠的價格和更好的技術。大衛發現，對公司最有利可圖的優質客戶是中等規模的公司，他們更重視產品的品質、可靠性和服務，而不是價格。他還注意到，銷售和行銷部門沒有太多互動，而正是他在日後改變了這一點。

對大衛來說，他在鋼鐵廠度過的那一週最讓他感慨。他一直以為鋼鐵只是一種簡單的基礎產品，然而他卻遇到了對自己的工作感到極其自豪的工程師和值班主任。此外，他也了解到鋼鐵生產過程的複雜和製作的先進。

在短短的五週裡，大衛就發現了他能夠立即解決的「大問題」。他對鋼鐵生意仍舊不甚熟悉，但是他現在已經在公司內部建立了自己的人際關係，他對「大問題」的把握也比幾週前更精準。最重要的是，他發現其他部門的同事對他的尊敬勝過前任行銷管理者，因為他一直在努力了解產業、公司的產品和公司其他部門存在的問題。

大衛的建議是：「如果可以的話，一定要從行銷部門以外先做起。」

離開你的辦公桌

從原則上說，大多數行銷管理者都同意：一些最精采的商業創意來自與顧客的交流和互動。然而現今的工作節奏遠超過以往，所以想離開辦公室去花時間陪伴顧客是很困難的。

我們來看作者托馬斯的親身經歷：「最近，我對一群銀行高階管理者提出一個想法，就是定期舉行顧客見面會，有人這樣回應：『我已經每天工作十二個小時了。你要我拿什麼時間來開這些會？』幾十年來，銀行一直依靠外部專家來研究顧客，因此銀行本身已經不熟悉顧客的生活了。」

當托馬斯對每一位高階管理者的工作時間分配做了匿名調查後，他們的態度發生了明顯的轉變。工作時間分為五類：（一）推動業務；（二）有效的會議；（三）無效的會議；（四）內部電子郵件；（五）其他。當托馬斯宣布分組統計的結果時，現場鴉雀無聲。

他們的時間大約有六〇％屬於有效時間的類別（一）和類別（二）。其餘的時間大多花費在無效的事情上。在場的所有人很快都同意：他們實際上可以騰出時間來與顧客會面。

最近的一項研究發現，在美國的大型公司中，員工花在明顯有效的工作上的時間只有一半多一點點，這些明顯有效的工作包括：主要工作職責（四五％）和有效會議（九％）。另一半時間則是用在發送電子郵件（一四％）——有些有用，有些沒用、被打擾和無效會議（一五％）、行政管理（一二％）和其他事務（五％）上。看起來，「沒有時間與顧客見面」是一個站不住腳的藉口，特別是對身為行銷管理者的你來說。是時候離開辦公室了！

與顧客交談來獲得更多商業創新

最好的顧客洞見往往不是來自高科技量化研究，而是來自低技術資源，像是與顧客交談和傾聽。

在B2B市場與顧客交談很簡單。你可以跟對方聊他們最看重的事情、他們的長遠規劃、需要你如何來幫助他們，以及你們的競爭對手在哪些方面做得比你們好。對方講話的時候，你要做筆記，之後持續跟進。

你要特別針對兩種特定類型的顧客展開交流。首先是最具創新的顧客，因為他們能幫助你了解未來的市場趨勢。其次是最不滿意的顧客，因為他們能幫助你改善用戶體驗，特別是解決那些引起顧客不滿、破壞用戶忠誠度的重大問題。

你最好能用錄音或影片把顧客的評論記錄下來。顧客原原本本的評論，特別是真實的互動影片片段，能幫助上司和同事理解，究竟是什麼原因引發顧客的滿意或不滿意。顧客訴說的雖然只是一些個別事件（需要繼續進行有系統的研究來判斷類似情況是否普遍存在），但是這些事件不僅難以否認，而且特別有情緒感染力。

在個人用戶市場，你可以聽聽消費者代表在座談會上說了什麼，或者對他們進行深度訪談。還可以聽聽服務熱線的電話錄音，到銷售現場接觸銷售人員，或者去門市為顧客提供服務。

盡可能在真實市場環境中使用自己和競爭對手的產品，同時動員親朋好友做同樣的事，然後向他們詢問回饋意見。

在可能的情況下，用心觀察消費者如何購買和使用你的產品。像寶僑公司的雷夫利和英國利潔時公司（Reckitt Benckiser）的巴特．貝克特（Bart Becht）兩位執行長一樣，你也可以推動團隊定期對消費者進行訪談。寶僑公司和利潔時公司都是由此得到一些想法，使它們得以長盛不衰。

要怎樣做才能讓至少一半的經營理念直接來自顧客呢？

直接向顧客尋求幫助

你可以在觀察顧客的基礎上更進一步，直接讓他們幫你開發產品。在運動服裝品牌愛迪達的成功背後，他們花費了數千個小時與顧客一同設計產品，改善各種服務。

百事公司前任行銷長薩勒曼・阿明曾表示，他們與顧客進行直接的互動，藉此取得一些巨大的成功。他說：「成功案例之一是，我們的零食品牌多力多滋（Doritos）和超級盃（Super Bowl）長達六年的合作，這是一次絕妙的實驗。我們邀請顧客參與，為他們喜愛的品牌寫廣告文案，這引發了非常熱烈的回響。另一個成功案例是我們與英國零食品牌Walkers的合作。我們製作一個名為《來點新口味》（*Do Us a Flavour*）的節目，我們的顧客提出一百多萬種的口味創意。我們這麼做並不是因為想要獲得新口味的創意，而是我們想讓顧客參與進來，讓他們感覺自己享有部分經營權，感覺我們真心想要聽取他們的意見。」

你不需要很多的預算來與用戶合作開發產品。我們最近為一家小型食品生產商提供諮詢服務，每週邀請五位顧客喝咖啡、聊天。公司從這些顧客的談話中學到了很多東西。

如果你有更多資源，可以運用線上研究小組來升級這種做法，就像是隔壁辦公室裡聚集了一屋子的顧客，你可以隨時問他們各種問題，而對方也能在第一時間收到，通常都可以在幾小時甚至幾分鐘內得到答案。

將研究與分析結果轉化為見解

你是做了研究，還是從研究中學習？

你有沒有見過堆積了大量研究報告卻不去使用的公司？這是一個相當普遍的問題。要想成為一名擁有決策影響力的行銷管理者，你就必須深刻理解公司的顧客！這項工作不能外包，也不能交由其他部門去完成。

事實上，只擁有數據是不夠的。你必須確保公司能從自己做的研究中得出一流的見解！抓住每一個機會來強化並使用公司的收集、分析和顧客資料，由此來獲取深刻的見解。深入理解顧客往往是成長和創新的關鍵，同時還能讓顧客買單。

你要問自己三個問題：

一、我們是否用盡了所有可能的方式來加深對顧客的理解，包括但不限於正式的市場調查？

二、為了獲得可實際執行的新發現，我們是否運用了所掌握的全部數據？

三、顧客洞見能否傳達給關鍵的決策者並影響決策？

幾乎可以肯定地說，你們在這三個方面都有改進的空間。

例如，想獲得可實際執行的見解，你可以指定某位團隊成員為每項研究撰寫一份便於決策的結論摘要。你要回答三個核心問題：「有什麼新發現？」、「哪些發現可以用來改善經營？」、「在實際狀況中可以如何應用？」

如果某種研究方式得到的一連串發現都缺乏新意或難以執行，就考慮換別的研究方式。記住，行銷管理者在「理解顧客」上必須超越公司裡的所有其他人。這既是以顧客為中心的創新動力，也是長期經營業績的主要支撐點。

探索：從大數據中獲取顧客洞見

很多行銷管理者都面臨到一個新難題：如何從大數據中獲得可操作的顧客洞見？

大數據是一個非常流行的概念，不過人們對它的誤解很多，所以我們要提出一些實用的建議。

大數據通常意味著資料量很大，而且大多是其他活動的副產品（例如公司的日常營運和顧客在社群媒體的對話），而不是專門用於理解顧客。大數據通常以不同的形式散布於公司內外，格式上也很可能不兼容，其中還包含錯誤和遺漏值，因此很不容易整理和分析。整體來看，大數據是一團亂。不過別緊張，這是非常正常的現象。

資料豐富的公司會同時進行多個大數據計畫，你可能會收到關於研究項目、方法和工具的大量建議。對非專業人士來說，大部分的方法和工具都有如同天書一般。看到這裡，你可能會再次倒吸一口氣，不過這也是正常現象。

利用大數據進行顧客分析的難處主要在於領導力，而不是技術。你作為行銷管理者的職責不是成為數據專家，是要擁有商業思維。你要總攬全局，提出正確的問題，然後才能讓數據專家來施展身手。以下是一些提醒：

◎退後一步，問問自己：我們要解決哪些業務方面的問題來拓展「價值區」？你有無窮無盡的項目可以分析——網路口碑、顧客流失率、分銷、回饋、競爭力、營業收入、價格趨勢、顧客偏好、盈利能力、錢包占有率等等。不要試圖將所有內容都納入分析計畫，確認你想為公司解決哪一個「大問題」。然後與團隊一起找出最有可能幫助拓展「價值區」的項目。

◎打造公司訊息指引。當前有哪些顧客相關訊息流入公司或與公司有關？這些訊息在哪裡？以什麼方式存在？很少有行銷部門有這樣的指引，但它是深入理解顧客的一個好工具。

◎研究部分數據。無論你的分析系統有多複雜，你應該都能透過人工分析少量樣本來得到顧客洞見。可以嘗試初步的小規模探索性研究。親手處理這些數據，你就能慢慢形成一種直覺：當中有什麼東西，它有多好，以及全面分析後可能會得到什麼模式和洞察力。

◎從潛在的全面數據洞察中獲得觀點。例如，邀請三家公司介紹他們將如何幫你分析數據，以此來解決關鍵業務問題。告訴他們你要解決哪些問題，有什麼樣的數據，以及你在探索性研究中發現什麼結論。詢問對方，將來進行全面數據分析時，他們會使用什麼方式來得出並驗證結論。了解報價、時間表，以及哪些公司已經使用了他們的推薦方案，詢問可否與這些公司交談。聽取幾種不同的意見，在它們之間進行比較，同時深入了解哪些事情能做到、哪些做不到、哪些能負擔得起、哪些負擔不起。

◎在實施ＩＴ解決方案時繼續進行人工洞察分析。大數據的誘惑之一是，你會迫不及待衝進一個霧裡看花的項目中，期待它們有一天能為你帶來非同尋常的結果。這種做法通常花費巨大，缺少靈活性，而且速度慢，故障率高，也許在相當長的一段時間裡，你都無法得到任何的顧客洞見。更糟糕的是，最終你很可能會發現系統的設計有錯誤，特別是在系統反覆調整、變得更為複雜後（因為想到了更多「如果有……該多好」的功能）。你要採取另一種做法，要求在實施大數據計畫的每一個階段都能得出成果，哪怕是透過人工來完成。如此一來，你既可以不斷學習，又能把握好計畫的走向。
◎聘請數據分析師。這能讓你在使用數據分析的同時，繼續使用傳統的顧客洞察來源。所有的企業都在尋找優秀的數據分析師，所以你要準備多花點錢，因為這是一項策略投資。如今所有的行銷團隊都必須具備強大的分析能力。
儘量避免同時運行一個或兩個以上的大型數據分析計畫，而且上面的步驟要不折不扣地執行。

成為了解市場的人

了解顧客顯然必不可少，但是正如我們已經證明的，要想成為一名成功的行銷管理者，需要對市場有深入的理解。理解市場是很多行銷管理者經常忽視的事情，你不要成為他們當中的一個！以下是如何快速了解產業的一些建議。

經常思考有關市場競爭的問題

如果你的公司完全沒有定期的競爭情報報告機制，請建立並推行它。這裡有一個理解市場的簡單做法。與團隊成員一起回答以下四個問題並就回答展開討論。每季小規模做一次，每年全面做一次。

一、這些年來，我們的市場增長情況如何？
二、長期的價格和需求趨勢是什麼？
三、我們的主要競爭對手採取了哪些策略？
四、如果我們是他們，我們會採取哪些策略？

這裡的主要競爭對手是指，其行動會對你的成功造成巨大影響的少數企業。選取二至五家競爭對手，最多五家。這些企業最好各有特點，例如，要有規模最大、利潤最好，或者創新能力最強的。為了決定要對哪些企業進行重點分析，你可能需要與銷售主管、策略負責人，甚至執行長溝通。

閱讀有關公司和這些主要競爭對手的專業分析報告和財經新聞評論。

有的行銷管理者甚至每季都會抽出半天時間來扮演主要競爭者，站在對方的角度為對方考慮替代策略。我們曾經看到，有一個行銷團隊布置了一間作戰室，牆上貼有各種圖表，有的描繪宏觀市場的發展，有的顯示主要競爭對手的情形。他們透過角色扮演來分析競爭對手的下一步行動，同時考慮競爭對手的主要競爭對手，後者即包括自己的公司。

如果你肯花點精力辦一場模擬競爭（找一個聰明的畢業實習生撰寫一份小型案例研究），你可能會驚訝地發現，人們扮演起競爭對手的執行長或行銷長是多麼的像。事實上，他們通常非常喜歡從競爭對手的角度批評公司和採取的策略！

在了解競爭對手的時候，不要糾纏在細節上。你的目標是弄清楚最重要的趨勢，揣摩對方的心思，以此來判斷他們有可能採取的策略，並據此制定自己的策略。

認識產業

「走出去，從大局總覽我們這個產業，有了這樣的經歷，我才能為公司做出最重要的決定。」行銷學教授、金百利克拉克公司前任總裁羅伯托·貝拉爾迪（Roberto

Berardi）這樣說。

你的目標是每年參加最重要的二至四個產業會議。沒有多少行銷管理者會這樣做，這種經歷能為你帶來深刻的啟發。

定期與團隊成員一起反思

英國禮品電子商城「不在大街上」（notonthehighstreet.com）的創始人蘇菲・柯尼（Sophie Cornish）和荷莉・塔克（Holly Tucker）每年一月都會抽出時間一起外出。他們會反思成功的經驗和失敗的教訓，確定來年的願景和方向，以及核定公司的長期計畫。

你和團隊成員也應該每年找一個時機來反思自己在市場上的位置，以及哪些競爭策略能把公司帶入新的成長。

每當我們使用這個策略思考方法來指導行銷團隊時，團隊成員都會變得更有幹勁，通常也都會產生意料之外的絕妙想法。

成為了解產品的人

國際物流企業馬士基航運公司（Maersk Line）人力資源長麥可・奇弗斯（Michael Chivers）說：「我遇過的失敗行銷管理者，往往都是對產品和產品組合不夠了解的人。」對於轉換產業的行銷管理者來說，缺乏產品知識尤其是個問題。例如，銀行和製藥公司經常聘請做消費品行銷的行銷管理者，而且失敗率很高。懂得行銷無酒精飲料並不能讓藥廠老闆相信，你的專業技能能夠轉移到他們的產業上。

我們已經談過，熟知產品是行銷人員獲得職涯發展的主要推力。對所有的行銷管理者來說，快速了解產品都應該是工作中的重中之重。以下是有助於你做到這一點的建議。

盡可能使用自己的產品

了解你的產品的最佳方式之一，就是成為你自己的顧客。如果你的公司經營消費品（如冰淇淋或T恤），那麼使用自己的產品就不是一件難事。不過你也得知道，你代表不了更廣泛的顧客。

但是如果你通常用不到公司的產品，該怎麼辦？對許多B2B公司的行銷管理者來說，這是一個真實的難題。即使你用不到你所行銷的產品，你也可以製造機會來使用。

國際建築塗料品牌得利（Dulux）前任行銷總監麥特・戴（Matt Day）說：「我有一個年輕的團隊，他們大多租房子住，而且租期較短，所以從不粉刷房屋。因此我安排了一些活動，例如翻新社區設施，這會用到我們自己的配色服務和產品，實地訪視貿易客戶，與裝潢公司做工作交流，以及在研發實驗室定期測試我們和競爭對手的產品。」

與產品開發團隊或營運團隊合作

花點時間（數天甚至數週）與產品設計開發團隊一起合作。儘早建立這種關係能顯示出你對他們工作的尊重和關心，也能在行銷活動之前深入了解公司當前和未來的產品。而且至關重要的是，你會得到一種感覺，知道什麼樣的產品要優化比較容易或不容易實現。

儘量安排時間定期拜訪產品團隊。如果他們有例會，你可以詢問是否能參加幾次。你也可以邀請他們與你的團隊一起討論產品和開發進度。你很可能會發現，即使是非常忙碌的人也會非常樂意談論他們正在做的事。

有的行銷管理者定期在生產現場開小組會議，藉此機會與生產部門討論（工廠有嚴格的生產目標，如果你打算這樣做，就要儘量減少打擾生產過程）。這些會議（即使時間很短）能幫助團隊成員解決日常工作中的一些疑惑，也能幫你在做決策之前（例如價格促銷）了解哪些措施容易實施，哪些措施可能會遭遇阻礙。

經常接觸產品開發團隊和營運團隊能在將來帶給你極大好處，例如與他們合作改進產品或服務，能幫助你滿足顧客的核心需求。

輪調團隊成員

想要加深團隊成員對產品的理解，同時提升他們與產品團隊的關係，另一種做法是對團隊成員進行輪調（在第三部「策動你的團隊」有談過這個問題）。在一些公司裡，行銷和產品團隊會定期交換人員，每兩三個月一次。這麼做不僅能將知識帶入團隊，還能與公司其他部門建立緊密的合作關係，增進相互間的理解和尊重，改善溝通，同時從新的想法和經驗中獲得益處。

了解產品損益

作為一名行銷管理者，你必須了解生產和交付產品的實際成本。產品總會有可變成本和固定成本，你需要了解它們，而且管理費用的分攤通常具有假設性質。找出相關訊息，以便在必要時提出質疑。

我們有一位客戶正想砍掉某條無利可圖的產品線，他們的行銷長卻突然發現，這條產品線分攤了過多的固定成本。事實上，這條產品線的收益是非常好的。直到行銷長質疑產品損益時，砍掉產品線的想法才最終打消。

確保你手中握有產品損益的資料。用心研究，直到你完全理解。你與財務團隊建立的良好關係正好能在此時派上用場。

身為行銷管理者，知識可以成為你激勵他人的強大力量，而掌握單純的行銷知識之外的其他知識，能為你帶來更大好處，它可以讓你在組織中扮演更重要的角色。

著名行銷長專家、瑞士國際管理諮詢公司億康先達（Egon Zehnder）的麥可・邁耶（Michael M. Meier），他與我們分享了以下建議：「特別是在你的行銷生涯早期階段，不要把自己的興趣侷限在行銷領域。你要有更廣闊的商業視角，並且在銷售、通路行銷等業務領域累積經驗。最成功的行銷領導者都是這麼做的。」

你必須回答的關鍵問題

知識是行銷管理者激勵他人的強大力量，也是你拓展「價值區」的重要關鍵。了解顧客和市場能提升行銷管理者的業務影響力，而了解公司產品是行銷管理者職涯成就的推動力。

顧客

◎你怎樣做才能花更多時間直接與顧客交流？
◎你能否與顧客共同創造市場洞察力和提供更好的服務嗎？
◎你怎樣做才能將數據轉化為顧客洞見？現有的市場調查真的讓你有所收穫嗎？你可以重新分配資金來得到更好的顧客洞見嗎？
◎你會使用怎樣的策略來分析大數據並運用分析結果？

市場

◎你怎樣做才能定期進行競爭力評估，以此來了解市場動態和趨勢，以及競爭對手的策略？

◎你是否經常參加最重要的產業會議？

◎你是否能抽出時間（也許一年一次）來反思你與競爭對手在市場中的位置，並調整你的計畫？

公司產品

◎你能與研發或生產產品的同事有更加密切的合作嗎？

◎你怎麼做才能定期與產品部門輪調團隊成員？

◎你和團隊成員如何花更多時間了解產品的生產？

◎你是否了解（並且完全理解）你的產品損益、固定成本和可變成本，以及管理費用是如何在不同的產品間分攤的？

你可以在以下網址下載這些問題：www.marketingleader.org/download（英文網站）

法則11：了解激勵自己的方式

「認識你自己」[10]

正如先前討論過的，作為一名行銷管理者，你從事的是激勵他人的事業。你作為行銷管理者的大部分工作，都是在動員各個層級的一大群人來擴大公司「價值區」——顧客需求和公司需求的交集區域。

由於你不能向上級和其他部門的同事發號施令，你甚至不能用「命令和控制」的方式來管理你的團隊，那麼最好的辦法就是激勵他們。在上一章裡提到，你能激勵他

10 Know thyself，相傳刻在古希臘德爾斐的阿波羅神廟裡的銘文。

人的部分原因來自你（和你的團隊）對顧客、市場和公司產品的了解。除此之外，你能夠激勵他人的部分原因還有你本身和你的信仰。

行銷管理者有時會問我們：「我要怎麼做才能更有魅力？」魅力是感染他人的能力，常被視為只有少數人才擁有的神奇力量。

實際上，要想激勵他人，你不需要亨利．福特或聖雄甘地的偉大理想，不需要馬龍．白蘭度或勞倫斯．奧立佛的螢幕形象，也不需要西塞羅或馬丁．路德．金恩博士的演講技巧。鼓舞他人比這些事情簡單得多，而且你已經在這樣做了。

在我們的行銷領導力研討會上，學員們總是發現，他們激勵他人的能力遠遠超出自己的認知，而且最能激發他人的，往往是他們在日常工作中表現出的一些小舉動——在他們自己看來，那麼做是理所當然的。

研討會很熱烈。學員們一起討論兩到三天，制定影響力策略，提升領導能力。其間，他們反覆提出想法，展開辯論和嘗試新角色。

在第二天結束時，我們問了一個簡單問題：房間裡有誰激勵了你？我們發給每個人空白資料卡和一支筆，要求他們在每張卡片上寫出一個擅長激勵他人的學員名字。我們還要求他們簡要解釋，為什麼這個人激勵了他（她）。接著我們收集所有卡片，並在晚上將每張卡片塞進卡片上所寫學員的酒店房間門縫。通常來說，八〇%的學員都會收到至少一張卡片。

第三天，當學員走進會議室時，他們會看到牆上貼著一張表格，上面寫了善於激勵他人的人擁有的所有行為和人格特徵。學員們在看這張表格時，整個房間出奇地安靜。

◎「你太有感染力了。」

◎「你的眼裡到處都是商機。」

◎「你堅持自己的信念。」

◎「即使身處困境，你也能讓我展現笑容。」

◎「你對你的團隊真用心。」

◎「我欣賞你服務顧客的熱情。」

學員們很快意識到，他們已經有能力激勵他人，而且最感染人的往往是既不起眼又簡單的舉動。

我們的建議是，先了解自己激勵他人的方式，然後加倍做。在更清晰了解自己的激勵方式之前，先來看我們的研究結果。「了解自己如何激勵他人」是否關係到你的職涯成就？答案是肯定的。

在我們的研究中，「了解自己激勵他人的方式」，是高階行銷管理者職涯成就的重要推動力，貢獻度為一二%。這種自我認知同時提升了他們的業務影響力，只是貢獻度只有二%（不過如果你堅持這樣做的話，長遠來看還是可以提升你的業務影響力）。

行銷管理者們知道自己如何激勵他人嗎？我們沒有在研究裡直接詢問這個問題。我們想知道的是，他們是否有激勵他人的基本條件：知道自己的夢想、恐懼、優勢和弱點。大多數高階行銷管理者表示（七九%），他們很了解自己，也熟知自己對他人的影響。這是我們的研究中分數最高的幾個項目之一。

在我們的360度評估數據資料庫中，行銷管理者的上司對這一點的評價更加保守一些（一如其他項目）。只有六六%的上司表示，行銷管理者努力認識自己，而只有五五%的上司認為，行銷管理者善於從錯誤中總結經驗。不過儘管如此，與上司對其他部門管理者（例如財務、營運等部門的管理者）的評價相比，行銷管理者在自我認

行銷管理者的業務影響力和職涯成就的貢獻度

業務影響力	了解你自己的激勵方式（2%）
職涯成就	了解你自己的激勵方式（12%）
行銷管理者的領導行為對業務影響力和職涯成就的相對權重，占神經網絡模型中所有領導行為的百分比，樣本數量：1,232份。 在我們的研究中，「了解你的激勵方式」主要指認知自己的夢想、恐懼、優勢和弱點，以及了解自己如何影響他人。	

資料來源：行銷人員DNA研究，巴塔和巴維斯，2016年（*The Marketer's DNA-study*, Barta and Barwise, 2016）

知方面還是高於平均。

作為一名行銷管理者，你應該已經對自己有相當程度的了解了（即使你的上司認為你不太善於從錯誤中學到經驗）。不過，如果你仍然想要提升這個能力，可以按照以下三個步驟來打造充滿感召力的心：

◎步驟一：確認有什麼事情能讓你精神振奮（這是關鍵的一步）。

◎步驟二：明確知道你感染他人的方式。

◎步驟三：展現「有效真實」。

步驟一：確認有什麼事情能讓你精神振奮

為什麼企鵝不會飛？因為牠們的身體已經進化出別的本領：在水中捕魚。成功的管理者只做他們最擅長的事，同時找到其他得力的幫手來做他們不擅長的事。

蘋果公司出色的首席設計師喬納森．艾夫設計了蘋果公司的標誌性產品：iMac、iPhone和iPad。然而他在創辦橘子設計工作室（Tangerine）時，他不是一名優秀的領導者，同時他也不開心。當他放棄成為企業家的夢想，加入蘋果公司去做他最擅長和最喜歡的事情時，他的事業迎來了極大的突破，就是創造美觀、實用和出自直覺的產品。

同樣的，如果你正在做自己熱愛的、認定的、看重的，或只是單純嚮往的事情，你或許也很容易激發出自己的潛能。心理學裡有一個非常有用的隱喻：冰山模型（見圖11-1），你從前可能看過。人類可以觀察到的行為只有有意識的和無意識的想法、感受、信仰、價值觀和需要，這些是巨大冰山的一角而已。

要想更了解所有觀察不到東西，就要付出努力，這一點非常重要。這能幫助你制定出有效、尤其能激勵他人的領導策略。

你如何才能深入冰山水下，理解什麼事情能讓你精神振奮？這是一個很重要的問題，接下來會詳細討論。

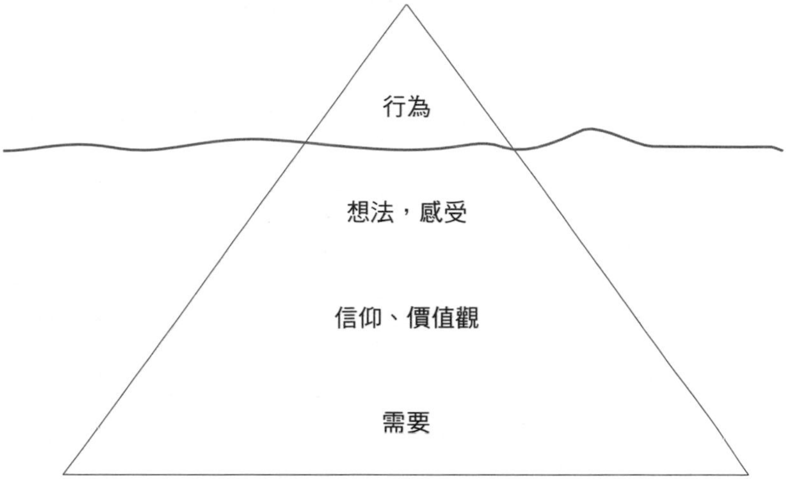

圖11-1　冰山模型

首先，常見的MBTI人格類型測試、五大人格特質（Big Five）、個人優勢發展（Strength-Finder）和我們自己的C-DNA測量法等心理測試，都是認識自己人格特徵和偏好的快速有效方法。如果你過去做過其中的某項或多項測試，我們建議你再次回顧測試結果。問問自己：我的人格中最有代表性或最重要的特質是什麼？

然後，花些時間有系統地反思你的職業生涯和目前的工作。我們發現，對以下三個基本問題的回答可以幫助行銷管理者了解，在職業方面到底是什麼激勵了自己：

一、「是什麼促使我做出成為行銷管理者的重大決定？」
二、「在我職業生涯中，最快樂的時刻是什麼時候？」
三、「在我目前的工作中，最激動人心的事情是什麼？」

接著，為了更深入理解是什麼讓你心嚮往之，我們推薦一個由領導力專家大衛・布朗（David Brown）設計的練習，它的效果很好，名稱是「為什麼、為什麼、為什麼？」（Why, why, why?）。這項練習大約需要二十至二十五分鐘。如果你在這一章裡只做一個練習，就做這一個！做完以後，你就知道我為什麼會這麼說了。

一、在每一張紙上寫下一個你在生活中扮演的角色，寫六至十個（如配偶、父母、朋友、部門負責人、管理團隊成員、行銷專家等等）。
二、在每一張紙上寫下該角色為什麼對你來說很重要的六至十個原因。
三、看看所有這些「為什麼」，然後選出在這幾張紙上重複出現的三至五項原因，即使它們具體說法不一樣。

這個練習能讓你意識到很多對你真正重要的事情，而且了解這些重要的事情，是培養激勵式領導風格的一個很好起點。繼續尋找是什麼東西讓你心嚮往之。讓我們從希臘神話的啟示中了解那些能激發行銷管理者的元素。

邏各斯（Logos）世界中的厄洛斯（Eros）

厄洛斯是奧林帕斯山上古希臘眾神中最年輕的一位，只要被他的箭射中，人都會愛上他希望愛上的那個人。

因為他所擁有的獨特神力，厄洛斯成為希臘神話中家喻戶曉的神祇，但是厄洛斯的這個神力也給自己招來了麻煩。在其他神（大多是更理性的神）的眼裡，厄洛斯像是一個調皮的男孩，往往行事任性，令人費解，造成無法預料甚至災難性的後果。他藐視年齡和地位，因此即便擁有獨特的神力，別的神也從不認為他有足夠的責任心擔當任何事情。

聽起是不是來很耳熟？行銷管理者在個性上往往更靠近厄洛斯，但是他們卻在崇尚理性的公司工作，這自然就會產生一種緊張關係。

一般來說，公司的大多數管理者都關心「理性型」事務，例如流程、事實和數據。這麼做是有道理的，像是生產、財務和IT事務的管理，需要非常精確，還要有清晰的原則。財務團隊的職責是理清並管理公司的現金、成本和投資。由於執行長必須交出每季業績，他們就得要求財務團隊把視線放在當下和不遠的過去，以此來解決問題，提高業績，維持公司的正常運轉。

但是行銷管理者常常與那些「理性型」同事不同，他們很像厄洛斯，最喜歡做的就是激發慾望。為了讓公司長盛不衰，行銷管理者大多時候是關注將來、外部市場和新觀念。

如圖11-2所示，在我們研究的高階行銷管理者中，九〇%認為自己心態開放，充滿創造力，這是所有問卷結果中比例最高的數字。跟厄洛斯一樣，行銷管理者注重情感，為人外向，喜歡結交朋友。他們當中的八五%認為，自己有大局觀。

他們的上司是否同意這兩點呢？他們的看法非常一致！在我們的360度評估數據資料庫中，上司認為與其他部門的管理者相比，行銷管理者更有策略眼光，更擅長尋找新的商業機會。這些上司們也意識到，行銷管理者看重人際關係，而且他們認為行銷管理者比所有其他部門的管理者更善於探索新觀念，學習新事物。

在上司們的眼中，行銷管理者擁有一種外向的心態，是一群充滿熱情、意志堅定的人。行銷管理者把獨特的視角引入公司，也為公司帶來發現機會和建立連結的能力。

然而，行銷管理者在「理性型」技能方面表現欠佳，特別是在績效管理方面。只有五七%的行銷管理者表示，他們能夠在關鍵的業務指標上執行目標和績效管理。對很多行銷管理者來說，績效管理都不是他們的強項。這一點都不奇怪，在我們的360度評估數據資料庫中，對於「確保下屬達到績效標準」的這個項目，上司對行銷管理者的評分低於對所有其他部門管理者的評分。

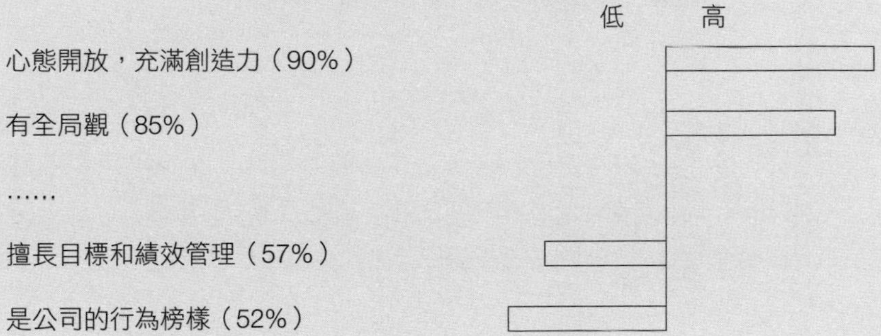

資料來源：巴塔和巴維斯，2016年

圖11-2　行銷管理者如何看待自身

欠缺「理性型」技能或許可以解釋，為何很多行銷管理者把自己看作組織的「邊緣人」。只有五二%的行銷管理者認為，他們是公司的行為榜樣。上司也認為，行銷管理者有時會顯得離經叛道。只有四八%的上司認為，行銷管理者「在特定情境中表現出適當的行為」。在這一點上，行銷管理者在所有部門管理者中得分墊底。無獨有偶，厄洛斯在行事方面也被認為大有問題，實際上確切地說，製造麻煩在他看來反而是一件樂事。

行銷管理者常常是理性世界中的厄洛斯。他們對顧客充滿熱情，善於策略思考，重視人際關係，但與此同時，他們應該設法與主導組織的理性型領導者保持更好的關係。

如果厄洛斯和邏各斯（理性）是兩個極端，那麼你處在中間的哪個位置？了解這一點對你是有好處的。例如，如果你是「理性型」的行銷管理者，就可以用你的條理、明晰、事實和數據感染他人。當然了，你與其他「理性型」管理者（如財務總監）也就會比較容易合得來。

如果你的個性更加傾向於厄洛斯，你可能就會憑藉你的創造力、顧客洞見和對需求的感知來感染他人。

厄洛斯與邏各斯——問題不在於你「能否」感染他人，而在於你「如何」感染他人。

了解你處在厄洛斯和邏各斯的哪個位置

在我們的研究基礎上，我們設計了一項簡化版的「厄洛斯—邏各斯」自我測試。現在就來完成它！測試的時候不要想太多，只要根據感覺快速勾選就好。然後數數你各自勾選了多少個「厄洛斯式」詞彙和「邏各斯式」詞彙。這個測試能讓你很快大致了解自己處在厄洛斯和邏各斯中間的哪個位置。

以下哪些詞彙更接近你的性格？

看看你的得分。你是偏向厄洛斯，還是偏向邏各斯？

「厄洛斯式」詞彙	「邏各斯式」詞彙
創意	事實
策略	證據
想像	證明
問題	答案
人際關係	權力
人情	結構性問題
仁慈	公平
接受模糊	清晰是關鍵

步驟二：明確知道你感染他人的方式

在我們的研究中，大多數行銷管理者在情緒智商方面得分都相對較高，並且知道他人如何看待自己。如果你想在「自己如何影響他人」方面了解更多，可以使用以下三種獲得回饋的有效方法：

◎方法一：找五到十個人（朋友或同事），詢問你感染他們的方式是什麼。你需要他們誠實作答，所以盡可能採用匿名方式，例如使用在前面的內容裡提過的空白資料卡片。

◎方法二：在過去的學習和工作經歷中，若有得到任何的評語，拿出來重複閱讀。你過去是如何影響他人的？

◎方法三：參加360度評估。一次標準的360度評估調查能為你提供關於你的行為、長處和短處的詳細定量回饋，還能為你提供前瞻性的判斷和建議，被調查者也會回饋你激勵他們的方式。

步驟三：展現「有效的真實」

激勵他人的第一步是了解自己最擅長什麼。如果你已經完成步驟一和步驟二，你很可能已經了解自己激勵他人的方式了。

現在，我們要把這些了解應用於實踐，也就是說，你要加倍表現你最能激勵他人的行為，同時丟掉那些可能妨礙你成功的行為。

加倍表現最能激勵他人的行為

激勵他人不是你可做可不做的事情，它是你工作的重要部分。你必須一以貫之地做這件事。

作者托馬斯回憶說：「幾年前，我曾帶領一個龐大的國際團隊。儘管我們在商業上取得極大成功，團隊的士氣卻不夠高昂。我很快意識到，我得點燃他們的工作熱情。我為團隊的工作感到自豪，但是我從來都沒有和他們說過這一點。我得讓團隊成員看到我自己精神振奮的一面，特別是在任務遇到困難、工作難以推進的時候。」

「之後，只要是開會，我都會先強調，我們團隊的工作有多重要。會議結束時我也會告訴他們，我對他們的工作和團隊的進步感到非常欣慰。」

「讓團隊成員知道，他們做的重要工作讓我感到非常自豪，這麼做能有效鼓舞團隊士氣。加倍展現這種鼓舞人心的做法，幫助我打造了一個充滿活力的團隊。」

你要不要想一想，你該怎麼做？也許你能列出一些你想要加倍展現最能激勵他人的事項，然後利用每一次機會來鼓舞他人。

改變（至少解釋）消極的行為

真實和「有效的真實」之間有一條細微的分界線，後者才是更適合行銷領導者的做法。

真誠領導是一個常遭人誤解的概念。它的核心思想是，你把自己的領導建立在誠實和道德的基礎上，例如，如實地展現你本來的模樣，而不是總想成為別的什麼人。然而，很多人卻把這個概念理解成，「我很好，我不用改變就能成功」。如果是這樣的話，前提要是「你已經是一個鼓舞人心、有效的領導者」。也許你正是這樣的領導者，但也許你可能不是。

遺憾的是，大多數管理者常常會展現出破壞性的領導行為：炫耀、責罵、諷刺、打斷別人講話；不一而足。

在觀察自己的行為如何影響他人的時候，你要注意這些消極的方面。但是，對於你個性中這些消極的部分，你該怎麼辦呢？你該為此做些什麼呢？首先，努力杜絕這些做法！任何能夠減少你破壞性行為的事情都有幫助。

英國著名顧客組織「選擇」的前總裁派崔克就發現：「在會議上提出某個議題時，我常會原原本本地說出我對這個問題的看法。我的同事們說，我說的通常都是對的（他們確實常常這麼說），但也不總是對的。而且，總裁一開始就發表自己的看法，這麼做不利於人們提出新想法和公開辯論。我費了一些力氣才學會保留自己的見解，至少在接下來的討論階段再說。」

「改變行為方式」是一件非常困難的事情，而且常常需要很多時間，特別是那些多年來形成、自己在無意識中會做的一些事情。所以你可以採取另一種做法，努力解釋你的消極行為，以此來減少身邊的同事受到影響。我們來看以下這個案例：

克雷格是典型的「厄洛斯式」行銷管理者。他是亞洲航空公司的行銷經理，對服務顧客充滿熱忱。他長期關心公司的顧客滿意度，並且定期與顧客溝通。他曾說：「一項服務措施好不好，我憑感覺就能知道。」

但是並不是所有的人都和克雷格合得來。公司的財務主管、高階分析師安德烈娅一開始就發現，她和克雷格很難共事。安德烈娅知道行銷工作有時難以衡量，但她總覺得，克雷格在數據方面很不擅長，甚至一塌糊塗。

有一天，安德烈娅和克雷格在一次會議上發生了衝突。克雷格正在做最新的行銷收益分析，安德烈娅卻突然打斷他，說這些數據荒謬得可笑，還說克雷格讓她覺得財務收益是無關緊要的。在接下來的幾週裡，他們幾乎沒有說話。克雷格很生氣，在他看來，安德烈娅根本不懂如何讓顧客滿意。而安德烈娅卻認為，克雷格的想法完全不切實際。

克雷格的上司把兩人叫來辦公室，談論發生的衝突。不過他並沒有把注意力放在過去的事情，而是要求他們兩人分別談談，他們認為什麼事情對企業的發展最重要。安德烈娅於是開始大談如何改善損益表來讓公司保持活力，克雷格也以類似的熱情談論顧客服務為何是所有重要事務的核心。

這次的討論對克雷格和安德烈娅兩人產生了很大的影響。他們意識到，兩個人對工作都充滿了熱情，但是他們擁有的技能卻相當不同。克雷格理解到，安德烈娅專注於財務數據是公司達成季度目標的關鍵。安德烈娅也發現，克雷格服務顧客的想法對公司必不可少，有時確實難以用數字衡量，她永遠也想不到他的那些想法。在對顧客的理解方面，她永遠達不到他的程度。

安德烈婭回憶說：「當克雷格解釋他為什麼不擅長分析，但他的創造力為什麼能幫公司發展時，克雷格就成了一個有感染力的人。」

解釋你在工作中的做法可以產生驚人的效果。我有位客戶是行銷長，她這樣告訴自己的團隊：「有時我很衝動。我不是要故意嚇唬你們，我就是這麼一個人。但是如果我做得太過分，而我又沒有意識到的話，請一定立即告訴我。」

另一位管理者向同事解釋說，自己很內向，有時候有想法也不會說出口，因為他天生就不喜歡搶著說話。

如果你有一些會危害工作有效性的消極行為，就努力減少或杜絕它們。如果這麼做非常困難，那麼就對你的消極行為以及你很難改掉它們的原因加以解釋，以此來幫助你和他人和睦相處。

我們幫助過很多成功的管理者，他們沒有人會說：「我的行事風格生來就是最好的。」他們只會這樣說：「我會加倍展現我最鼓舞人心的行為，並且盡我所能去改變，或者至少解釋那些阻礙我激勵他人的事情。」

在培養有效的行銷領導風格時，你要考慮如何激勵他人，並且改變（或者至少解釋）你的消極行為。

這就是最有效的真實行銷領導風格。

你必須回答的關鍵問題

身為行銷管理者，「了解自己」和「了解你對他人的影響」是重要的職涯發展動力，同時能強化你的業務影響力。為了拓展你的影響力和公司的「價值區」，你必須了解自己個性中那些能夠感染他人的特質。如此一來，你才更能動員他人。

問你自己：

◎有什麼事情能讓你精神振奮（同時感染你和他人）？特別是哪些事情？

◎是什麼原因讓你做出「成為行銷管理者」這個重大決定？

◎在你職業生涯中，最快樂的時刻是什麼時候？

◎在你目前的工作中，最激勵人心的事情是什麼？
◎你今天會怎樣激勵他人？
◎怎麼做才能更展現你最激勵人心的一面？
◎你應該努力杜絕，或者至少需要向身邊的人加以解釋的消極行為有哪些？
◎你最有效的真實行銷領導風格是什麼？

你可以在以下網址下載這些問題：www.marketingleader.org/download（英文網站）

法則12：設定更高的目標

領導行銷工作能讓你獲得很多益處，但動員你的上司、同事和團隊成員來拓展「價值區」，也需要你付出很多時間以及承受巨大壓力。你必須克服障礙，協調衝突並承擔風險。

到目前為止，我們已經討論了既能激勵你自己，也能幫助你激勵他人的方法，一是愛上你的工作（了解顧客、市場和公司產品），二是了解你的激勵方式（是什麼讓你充滿熱情）。

身為行銷管理者，擁有鼓舞人心的夢想，能幫助你實現自己覺得做不到的事情，同時還能激勵他人。這就是為何我們要討論你想要實現的願景價值——擁有力量、雄心壯志、鼓舞人心。

「設定更高的目標」是行銷領導力十二大法則中的最後一個。它能幫助你策動上司、同事、你的團隊成員和你自己，提升業務影響力，贏得職涯成就，同時還能幫助公司將「價值區」拓展到最大化。以下來看一個例子，一個行銷管理者夢想的力量。

時代廣場上的公司標誌

當西蒙・康（Simon Kang）在二〇〇〇年初接手LG在美國的家電業務時，業內幾乎無人看好。此時LG在美國其實沒有什麼業務。之前推出的品牌樂喜金星（Lucky Goldstar）只有幾款產品，預算也頗為寒酸，而新的LG品牌更是無人知曉。

西蒙從前的職業生涯基本上是在法國度過，既沒做過多少行銷工作，對品牌的建立更是知之甚少，再加上預算微薄，缺乏支持，成功的希望確實非常渺茫。

某天傍晚，工作了一整天的西蒙坐在沙發上休息。這時他的腦海裡突然萌生一個想法：「我想在時代廣場看到閃爍著彩色光芒的公司標誌，而且就在其他著名商標的旁邊。」

對西蒙來說，這個充滿雄心的遠見激發出一連串充滿創意、非同凡響的產品構想以及行銷操作。他與行銷代理商一起制定出這個理念：「聰明的點子，驚喜的發現。」也就是能激發顧客發現新用法的創造性產品。沒過幾個月，他就設計出彩色的冰箱，開發新的智慧功能，在經銷商的門市前張貼了新穎的戶外廣告（這些都是公司能負擔得起的方式），同時還邀請顧客前往韓國參觀公司的研發實驗室，面見高層管理者。

他的夢想驅使他奔走在會場之間，使他贏得公司董事會、工廠同事和他自己團隊成員的信任，最終創造出他想要的不同尋常的產品。

他的想法成功了。今天，LG已經成為美國著名的家用電器品牌。還有，在時代廣場上樹立公司標誌的事情怎麼樣了？大家不妨去看看就知道了！

你需要找一個願景嗎？

幾十年來，講述領導力的眾多書籍已經讓一個觀念深入人心：領導者應該「以終為始」（例如：「你想讓人們在你葬禮上如何評價你？」），許多領導者確實發現了設定願景的強大力量，就像上面提到的西蒙·康。

行銷管理者的業務影響力和職涯成就的貢獻度

<table>
<tr><td>業務影響力</td><td>設定更高的目標（5%）</td></tr>
<tr><td>職涯成就</td><td>設定更高的目標（13%）</td></tr>
<tr><td colspan="2">行銷管理者的領導行為對業務影響力和職涯成就的相對權重，占神經網絡模型中所有領導行為的百分比，樣本數量：1,232份。
在我們的研究中，「設定更高的目標」主要針對個人對生活、公司和自身職業生涯的設想，以及應遵循的原則。</td></tr>
</table>

資料來源：行銷人員DNA研究，巴塔和巴維斯，2016年（The Marketer's DNA-study, Barta and Barwise, 2016）

但是，並不是所有人都對此持有相同看法。當我們對行銷管理者說明設定個人領導願景的意義時，經常聽到這樣的回饋，「訂太多目標會扼殺創造力」，或者「該發生的總會發生」。

我們的資料顯示，對行銷工作願景的作用持懷疑態度的人，他們的看法是錯誤的。擁有激勵人心的個人願景（我們稱之為「設定更高目標」），是行銷管理者業務影響力的重要推動力（貢獻度為五%），與第五大法則「走出你的辦公室」並列，是行銷管理者獲取職涯成就的首要動力（貢獻度為一三%）。

作為一名成功的行銷管理者，你是否需要擁有激勵人心的願景呢？肯定需要！

當我們為了寫這本書而訪談許多成功行銷管理者時，我們發現，他們幾乎都擁有雄心勃勃的遠大目標。有一位行銷長想要改善兒童的營養狀況，並為此建立了品牌。另一位行銷長想要讓更優質的產品進入他自己國家的市場，那是一個發展中國家。我們還見到了一位想要在近期升任執行長的行銷長，他期望帶領更大的團隊。還有一位行銷長，他初入職場時就夢想自己有一天能成為行銷長。

如果你仔細想想就會立刻明白，為什麼個人願景如此重要。拓展「價值區」不可能一蹴而就。往上說，你必須策動你的上司，以此來贏得高階管理團隊的支持。橫向說，你和你的團隊必須策動其他部門同事，以確保公司能持續提供優質的消費體驗。往下說，你需要策動你的團隊成員，讓你能夠成為解決公司「大問題」的領導者。這個過程通常需要幾個月甚至好幾年，如果公司老闆能給你這麼多時間的話。你必須清楚你想要實現什麼，並且要堅信你能做到。如果你擁有激勵人心的個人願景，那麼對你來說，激勵他人就會變成一件容易的事。

行銷管理者在願景方面得分很高。在我們的研究中，七七%的高階行銷管理者表示他們對消費者體驗有明確的願景。在職業生涯的願景方面，甚至高達八一%。關於生活中重要事項的願景，只有五八%（顯然，對我們很多人來說，要去設想生活中重要的事是一大難題）。

設定更高的目標，針對的不僅僅是你的品牌或公司。我們從研究中發現，最成功的行銷管理者，他們能把「顧客需求和公司需求」與「自己的職涯發展以及生活安排」結合起來，這種協調一致的願景能幫助你鼓舞他人，同時也能讓你在面對困難時奮力前行。但是如果你的個人目標和工作目標從根本上就南轅北轍，那麼會很難將它們結合起來。

想像一下，假如你為無酒精飲料品牌描繪一幅宏大的願景，然而你的日常工作卻與個人理想相衝突，因為你真正想要做的事情是成立一所衝浪學校；或者說你的職業目標是成為財星五百大企業的行銷長，那麼你肯定無法同時實現生養五個孩子且每天陪伴他們的願望。在這種情況下，你的夢想早晚都會破滅，到時你可能會承受巨大的痛苦。

公平地說，想要把工作目標和生活目標完美地結合在一起，很可能是不切實際的（大多數有孩子的人都能證實這一點）。折衷和平衡總是難以避免，你能採取的最好做法，就是實事求是地認清你追尋的理想，設定更高的目標，然後放手嘗試。只要認清這一點，你就比別人具備了更顯著的優勢。

我們寫這本書的目的是幫助行銷人員成為行銷領導者，所以不會像大多數討論一般領導力的書籍，深入討論你在生活上的重要目標（不過就這一點來說，書中的一些練習，例如「為什麼、為什麼、為什麼？」的練習也許能為你帶來有價值的啟示）。

以下介紹一個簡單的方法，幫助你描繪自己在發揮行銷領導力的願景，如此你就能設定更高的目標。

寫下你的行銷領導宣言

在我們撰寫這本書時，很多幫助我們的優秀行銷領導者都有某種形式的宣言。對於行銷領導力的宣言，美國行銷協會的建議是：行銷人員要寫下如何取得成功的願景，以便幫助組織實現以顧客為導向，為他們創造價值。我們相信，你也能從行銷領導力宣言中受益。這是一種強而有力的方式，用正確的詞語來塑造你的目標並讓它具體化。

想像一下，你在一年後打開一封你今天寫給自己的信，標題是「我的行銷領導宣言」，信裡寫的是你為個人生活和作為行銷管理者的職業生涯所設定的目標。那麼今天你會寫什麼呢？

關於你想達到什麼目標，想成為什麼樣的領導者，前面的章節已經為你提供很多的啟發。在你撰寫這份宣言時，不要只考慮如何拓展「價值區」，你還要考慮你的職業路徑，以及你的工作如何與家庭生活、人生理想結合起來。

現在，把你的宣言具體地寫出來（如果你還沒有這樣做的話）。寫一封信給自己。在接下來的四十五分鐘裡，找一個安靜之處寫下你的宣言。想想以下這些問題：（一）我想在五年後成為什麼樣子？（二）我將採取哪些重要步驟來實現這個目標？

你可能會在宣言中提到以下事項：

◎你將為顧客和產業帶來怎樣的影響？
◎你將對公司產生怎樣的影響，例如公司文化和經營業績？
◎你在職場中會做到什麼職務位置？
◎對你非常重要的人，你將會為他們帶來怎樣的影響？
◎你的心情和健康狀況會如何？你將如何平衡你的工作和個人生活？

這是你的宣言，所以按照你喜歡的方式來寫。無論是寫成故事，還是逐條列出來，全都沒關係。唯一重要的是，這份宣言要能夠代表你自己。完成後，與你信任的人分享並討論，這通常能讓你的想法更明確，或得到額外的想法和清晰的認識。

以下是參加我們研討會的行銷負責人撰寫的兩則宣言：

◎我正以我的行銷工作為公司做出巨大貢獻。我已經把X打造成顧客最喜愛的品牌，而且我現在已經是行銷長。作為董事會成員，我能決定大部分服務顧客的方式。我已經建立了業界中最好的團隊。誰都知道，我們這裡是人們行銷生涯的強大推進器。我總是與我丈夫一起設法達成我的事業目標，同時在我的工作和家庭生活之間取得最佳平衡。

◎我確保Y是任何年齡女性的最佳選擇，因為我們使用了最先進的技術。我憑藉這一點讓她們對公司產品深具信心。我現在領導整個Y集團的行銷工作，我要用自己的熱情和創意幫助Y品牌，讓它從市場排名第二成長到龍頭位置。人們認為，我是公司裡最優秀的團隊建造者。在工作中，我不僅充分發揮我的創造力，我還不斷提高自己的分析能力。我每週只工作四天，所以工作非常緊湊，但這是我能邊工作邊陪伴三個孩子的唯一方式。我減肥了，現在又穿上紅色的網球衣。

要想激勵他人，你必須先激勵自己，沒有捷徑。一旦你擁有行銷領導者的願景，就讓它釋放出耀眼的光芒吧！

你必須回答的關鍵問題

將顧客需求與你個人以及公司需求結合起來，這樣的願景能幫助激勵並動員他人，進而拓展「價值區」。

◎能夠讓你熱血沸騰的願景是什麼？

◎你的行銷領導宣言是什麼？

你可以在以下網址下載這些問題：www.marketingleader.org/download（英文網站）

後記　是時候啟動了

從許多方面來講，能成為有影響力的行銷管理者是職場裡最酷的事情之一。提升你的影響力，你將幫助公司拓展「價值區」，進而改善公司的長期經營業績。對你個人而言，你也能提升自己的業務影響力，同時在職場上獲得更大成功。

掌握行銷管理者的十二大法則，能讓你策動身邊的關鍵人物——你的上司、同事和你的團隊成員，進而讓你的工作獲得更大的推動力。不過最重要的是，這十二大法則能幫助你動員自己，使你有力量和感染力，能像一名優秀的行銷領導者那樣：拓展「價值區」。

幸運的是，你不必天生就是行銷管理者。正如我們的研究證實的，你可以透過學習關鍵的領導行為來讓行銷事業獲得成功。

你憑藉自己的所長做到了現在的位置，如今你只需要在這個基礎上繼續努力，不要試圖改變所有一切。至少在此刻，你只需要在我們提到的少數領域——最好是能立竿見影的領域，做出改進。不要貪多求全，也不要急於求成。一步一步來，足夠留心即可。

回顧這本書，列出對你最有啟發的想法，然後問自己：「我列出的哪些領導行為最能提升我的業務影響力，最能推動我在職場中的成功？在接下來的六至十二個月裡，我可以實際採取哪些具體行為？」

最多選擇三項，它們就是你行銷職涯中的「三大巨頭」。把它們作為你提升行銷領導力的主攻方向，即便遇到困難也不要放棄。目標要具體，同時最好能加上最後期限（但也不要過於死板）。

我的「三大巨頭」：

一、____________________

二、____________________

三、____________________

在你心情不錯的時候，把你的「三大巨頭」與良師益友分享，請他們提出意見。「這些是我現在能做到且獲得最大效果的改變嗎？我可以實現這些目標嗎？」讓對方隨時監督你的進展。

如果執行長不支持你的想法怎麼辦？我們在這本書討論的十二大法則，代表了影響行銷管理者業務影響力和職涯成就的大部分變數，但是組織因素（例如公司是否能為你提供足夠資源和施展才華的空間）也會極大影響你的業務影響力和職涯成就，尤其是後者。

從根本上說，這些因素是由執行長決定的。如果你竭盡全力，執行長和其他高層管理者卻仍然不支持你的想法，這時該怎麼辦？如果他們只是說說而已，卻沒有實際行動支持你拓展「價值區」來為顧客和公司創造長期價值，這時該怎麼辦？換工作吧！如果執行長確實不關心顧客的需求，那麼你很難有什麼前途，這樣的公司也很可能不會有未來。換工作吧！儘早！

你是一位行銷領導者

你對品牌充滿熱情，你了解市場，你是促使公司關注顧客的關鍵推動者，特別是在這個數位時代。只要你願意，你在組織中的重要性就可以得到提升。在做出關鍵商業決策時，高層管理團隊會尊重你，並期待你發揮作用。

成功與你的基因無關。在眾多行銷領導者和專家的幫助下，我們發現了能夠幫助你升職、承擔工作、提升影響力的十二大法則。現在，選擇就在你的手中。

在你努力做出改變的同時，請把你的進展情況告訴我們！我們非常期待在www.marketingleader.org（英文網站）網站上得到你的回饋。

祝你好運！

托馬斯和派崔克

致謝

首先感謝我們的家人托馬斯、凱瑟琳等人，在我們專心寫作期間，他們一直承受著我們在身心上的缺席。感謝麥格羅希爾公司的編輯，鼓舞人心的冬妮婭·迪克森（Donya Dickerson），她幫我們完成這本書。感謝我們的經紀人湯姆·米勒（Tom Miller），他始終對我們充滿信心。

本書中的見解和建議是以「行銷人員DNA」研究計畫為基礎。我們要感謝很多人，他們為這本書的誕生奠定了堅實的研究基礎。

首先，我們要感謝來自全球一千兩百三十二位行銷長和高階行銷管理者，他們為「行銷人員DNA」研究計畫貢獻了許多隱私訊息，例如他們的個性特徵、角色和職涯發展狀況等等。

我們要感謝歐洲工商管理學院（法國楓丹白露，新加坡）的大力支持。曼弗雷德·凱茨·德弗里斯教授（Manfred Kets de Vries）、羅傑·萊曼教授（Roger Lehman）、埃里克・范德盧教授（Eric van de Loo）和伊麗莎白・弗洛朗—特里西教授（Elizabeth Florent-Treacy），大家不僅鼓勵我們，自始至終為我們提供重要見解。曼弗雷德和伊麗莎白大方地允許我們瀏覽他們的龐大資料庫，使我們能夠在六萬七千二百八十七份領導力評估報告的幫助下，進一步理解我們的研究結果。

眾多行銷長、執行長和領導力專家為我們提供了他們的看法和建議。特別感謝馬克・阿迪克斯（Mark Addicks）、薩勒曼・阿明（Salman Amin）、沃爾夫岡・拜爾（Wolfgang Baier）、安娜・貝特森（Anna Bateson）、南達・基肖爾・巴達米（Nand Kishore Badami）、溫迪・貝克爾（Wendy Becker）、羅伯托・貝拉爾迪（Roberto Berardi）、哈拉爾德・貝爾姆（Harald Bellm）、約翰・伯納德（John Bernard）、馬克西姆・邦潘（Maxim Bonpain）、麥可・奇弗斯（Michael Chivers）、阿比蓋爾・庫默（Abigail Comber）、肖爾托・道格拉斯—霍姆（Sholto Douglas-Home）、迪伊・杜塔（Dee Dutta）、巴碩・伊姆朗格羅伊（Prasert Eamrungroj）、吉姆・法利（Jim Farley）、安東尼・弗里林（Anthony Freeling）、馬歇爾・葛史密斯（Marshall Goldsmith）、大衛・詹姆士（David James）、本傑明・卡爾施（Benjamin Karsch）、西門・康（Simon Kang）、克里斯・麥克勞德（Chris Macleod）、伯恩哈德・馬特

斯（Bernhard Mattes）、麥可・邁耶（Michael M. Meier）、克里斯多福・米哈利克（Christoph Michalik）、瓊—弗朗索瓦・曼佐尼（Jean-Francois Manzoni）、蒂娜・穆勒（Tina Müller）、鮑勃・斯卡廖內（Bob Scaglione）、亞歷山大・施勞比茨（Alexander Schlaubitz）、艾德・史密斯（Ed Smith）、丹尼斯・施賴（Denis Schrey）、齋藤清（Kiyoshi Saito）、呂克・維亞爾多（Luc Viardot）和史蒂夫・沃爾克（Steve Walker），以及在「行銷人員ＤＮＡ」研究計畫中與我們交流溝通的高層領導者們。

我們還要感謝來自德國著名行銷雜誌《*absatzwirtschaft*》的克里斯多福・貝爾迪（Christoph Berdi）和克里斯蒂安・圖尼希（Christian Thunig），以及來自全球行銷長議會（CMO Council）的多諾萬・尼爾—梅（Donovan Neale-May）、馬特・馬爾蒂尼（Matt Martini）和利茲・米勒（Liz Miller），以及為我們的高階行銷管理者研究提供了大量全球性樣本的許多朋友們。

非常感謝托馬斯在歐洲工商管理學院（INSEAD）變革諮詢培養計畫（CCC Program）的同事們對研究設計的重要貢獻。他們是賈米勒・阿韋達（Jamil Awaida）、納迪姆・阿卜杜勒・阿齊茲（Nadeem Abdul Azeez）、伊夫・布雷邦（Yves Braibant）、卡爾・布・瑪勒姆（Carl Bou Malham）、齊夫・卡蒙（Ziv Carmon）、弗洛倫斯・貝尼特（Florence Bernet）、庫歐爾・博米克（Kushal Bhomick）、安德魯・瓊斯（Andrew Jones）、克里斯多福・格里蒙（Christoph Grimont）、亞歷山大・霍普（Alexandra Hope）、納溫・卡詹基（Naveen Khajanchi）、薩蘭・基爾（Sarang Kir）、納塔莉・羅布（Natalie Rob）和卡米拉・薩金（Camilla Sudgen）。

如果沒有兩位傑出專家的幫助，我們就不可能完成這項研究。其中一位是分析公司Success Drivers的弗蘭克・巴克勒博士（Frank Buckler），他為我們量身設計了一套神經網絡模型，並運用它來分析數據，結果發現了很多重要的影響因素，也就是本書介紹的行銷領導者的十二大法則。另一位是Cognoscenti研究公司的阿克塞爾・普爾曼（Axel Puhlmann），他為我們的研究開發了受調查者界面，大大提升了問卷回收的品質。

這項研究非常重要，要把它寫成一本書頗為不易。比安卡（Bianca）和金特・蘭佩特（Günter Lampert）在阿爾卑斯山地區的凱瑟霍夫（Kaiserhof）酒店，為托馬斯營造了完美的寫作環境。馬克・萊維（Mark Levy）和凱利・麥凱恩（Kelly McKain）也幫助我們把托馬斯的「德式英語」和派崔克的咬文嚼字，整理成一本清楚好讀的書。

我們還要感謝所有耐心閱讀並提供建議的早期讀者們。他們是阿普里爾・亞當斯—雷德蒙（April Adams-Redmond）、提姆・安布勒（Tim Ambler）、亞歷克斯・

巴威斯（Alex Barwise）、安迪・伯德（Andy Bird）、休・伯基特（Hugh Burkitt）、布拉姆・克里克（Bram Clicke）、彼得・科里恩（Peter Corijn）、馬特・戴（Matt Day）、馬庫斯・杜布（Markus Daub）、索尼亞・迪維托（Sonia Devito）、迪迪・杜塔（Dee Dutta）、亞歷山德拉・迪克（Alexandra Dick）、保羅・費爾德威克（Paul Feldwick）、大衛・弗倫奇（David French）、格奧爾格・克萊因（Georg Klein）、因迪・考爾（Indy Kaur）、托馬斯・朗（Thomas Lang）、克勞迪亞・庫納什（Claudia Kunath）、基思・麥坎布里奇（Keith McCambridge）、肖恩・米漢（Sean Meehan）、克里斯汀・莫爾曼（Christine Moreman）、威爾・摩爾（Will Moore）、茱莉亞・波特（Julia Porter）、露絲・桑德斯（Ruth Saunders）、金妮・托（Ginny Too）、鮑勃・伍頓（Bob Wootton）和約翰・澤利（John Zealley）。我們希望你們能從這本書最終的版本裡，看到你們的建議所引發的真正改變。

最後，如果書寫了沒人看也就沒有意義。如果沒有芭芭拉・亨里克斯（Barbara Henricks）、傑西卡・克拉科斯基（Jessica Krakoski）、佩吉・狄龍（Paige Dillon）和魯斯特・謝爾頓（Rusty Shelton）在宣傳上的努力，你們很可能就不會讀這本書了。

行銷領導力修練：如何更上一層樓？如何創造行銷最大價值？

The 12 Powers of a Marketing Leader: How to Succeed by Building Customer and Company Value

作　　者　托馬斯·巴塔（Thomas Barta）、派崔克·巴維斯（Patrick Barwise）
譯　　者　美同
責任編輯　夏于翔
協力編輯　王彥萍
內頁構成　李秀菊
封面美術　兒日

發 行 人　蘇拾平
總 編 輯　蘇拾平
副總編輯　王辰元
資深主編　夏于翔
主　　編　李明瑾
業　　務　王綬晨、邱紹溢
行　　銷　曾曉玲
出　　版　日出出版
地址：10544台北市松山區復興北路333號11樓之4
電話：02-2718-2001　傳真：02-2718-1258
網址：www.sunrisepress.com.tw
E-mail信箱：sunrisepress@andbooks.com.tw

發　　行　大雁文化事業股份有限公司
地址：10544台北市松山區復興北路333號11樓之4
電話：02-2718-2001　傳真：02-2718-1258
讀者服務信箱：andbooks@andbooks.com.tw
劃撥帳號：19983379　戶名：大雁文化事業股份有限公司

印　　刷　中原造像股份有限公司
初版一刷　2022年4月
定　　價　420元
I S B N　978-626-7044-41-4

國家圖書館出版品預行編目（CIP）資料

行銷領導力修練：如何更上一層樓？如何創造行銷最大價值？／托馬斯.巴塔（Thomas Barta），派崔克・巴維斯（Patrick Barwise）著；美同譯. -- 初版. -- 臺北市：日出出版：大雁文化事業股份有限公司發行，2022.04
288面；15×21公分
譯自：The 12 powers of a marketing leader : how to succeed by building customer and company value
ISBN 978-626-7044-41-4（平裝）

1.CST: 行銷　2.CST: 行銷管理　3.CST: 顧客關係管理　4.CST: 領導

496　　111003862